# インテリジェンスの最強テキスト

The Ultimate Guide to Intelligence

手嶋龍一　佐藤 優
TESHIMA Ryuichi　SATO Masaru

東京堂出版

インテリジェンスの
最強テキスト

目次

Ⅰ
# インテリジェンスの感覚を磨くために 9

Ⅱ
# インテリジェンスで読み解く「ウクライナ」

インテリジェンスを磨く素材――ウクライナ 25
プーチンの「核使用」発言の波紋 30
対ロ経済制裁の効き目は 32
第三国枢軸の登場 35
独・仏・米、それぞれの狙い 38
プーチンの対ウクライナ戦略 40
兵器大国ウクライナ 42
NATO加盟を許すまじ 44
アメリカの軍事介入のシナリオ 46

プーチンはGRUを統御しているか 48
インテリジェンス・コミュニティの組織文化 49
海洋強国・中国の戦略 52
ウクライナ製兵器の闇 56

# III

# インテリジェンス機関が読み解く国際事件

マレーシア航空機撃墜の謎 61
ウクライナ対ロシアの情報戦 64
インテリジェンス・ウォーに勝ち抜くには 66
大韓航空機撃墜事件から学ぶ教訓 70
情報大国オランダ 75
ウクライナのインテリジェンス・コミュニティ 77
米独のインテリジェンス戦争 79
メルケルへの暗い疑念 82
クレムリンの真意は何処に 84

## Ⅳ 歴史で読み解くインテリジェンス

危機の年 89
現代史の目撃者ケナン 92
密やかなシグナルを探る 95
ウクライナ・ナショナリズムの策源地 98
錯綜する同盟の落とし穴 103

## Ⅴ 歴史の教訓

「欧州の天地は複雑怪奇なり」 109
極秘公電の諫言 112
ヤルタの密約 115
歴史の教訓、ノモンハン戦争 119
欧州戦局の陰画 121
インテリジェンスなき敗戦 124

第二次世界大戦の知られざる始点 127

# VI 「イスラム国」をめぐる中東のパズル

日本の在り様を変えたイラク戦争 131
「イスラム国」とは何者か 133
「イスラム国」の生存の糧は 138
変貌するグローバル・ジハード 140
組織なき組織「イスラム国」 142
オバマの虚しき「最後通牒」 144
中東外交の覇者プーチン 146
チェチェン・ファクター 149
軍拡に転じたサウジアラビア 154
イランが核武装する日 157
イランの甘い囁き 160
イスラムの核という悪夢 164

## Ⅶ

# 対テロリズムのインテリジェンス

風刺新聞社襲撃をどう読むか 169
インテリジェンス思考のロジック 172
「人道援助」の二重性 175
テロリストの内在論理を読む 177
イスラエルに縋りつくヨルダン 182
中東の弱い環・ヨルダン 184
エジプトを狙う「イスラム国」 186
「イスラム国」化するリビア 187
「逆オイルショック」の陰に 193
「サウジ減産」のプーチン流解釈 196
ロシアにとっての「イスラム国」 199
武器としてのシナリオ分析 202
テロ対策に対外インテリジェンス機関は有効か 207

VIII

## 九・一一テロのインテリジェンス

危機の中の情報機関 213
鳴りやまぬ警告の太鼓 215
テロルの前奏曲 218
次なる標的は「海の城」 221
インテリジェンス後発国アメリカ 223
見逃されたテロリストたち 225
「フェニックス・メモ」はくず籠へ 228
忍び寄る「世紀の悲劇」 230
インテリジェンスの罠 232
ニュルンベルク収容所の男 237
「カーブボール」の誕生 239
増殖する偽情報 241
ニジェール産ウランという蜃気楼 243

インテリジェンスの教訓 249
「イスラム国」の過小評価 251
国家の生き残りを賭けて 254
究極のスパイ、リヒャルト・ゾルゲ 256
「XX委員会」 261
裏切りの風土 266

あとがきにかえて　佐藤　優 271
著者ノート　手嶋龍一 275
インテリジェンス用語解説 279
インテリジェンス関連事件・略年表 297
索　引 317

# I

# インテリジェンスの
# 感覚を磨くために

ニッポンはまさしく「インテリジェンスの不思議の国」だった。

東西冷戦の幕が下りる瞬間を、われわれは米ソ両陣営の中枢の最深部、ワシントンのホワイトハウスとモスクワのクレムリンに在って目撃した。現代史が軋《きし》みをたてながら回る修羅場で熾烈な情報戦《インテリジェンス・ウォー》が繰り広げられていた。

**「インテリジェンス」とは、国家が動乱のなかを生き残るために、選りすぐられ、分析され抜いた情報である。**

われわれは現代史の最前線で、「インテリジェンス」こそ国家の舵取りの死活的な拠り所になることを、身を以て学んだのだった。

苛烈な現場での長い勤務を終えて戻ったニッポンは、超大国アメリカの庇護のもとに安逸を貪っているように映った。

**一国のインテリジェンス能力は、その国力から大きく乖離しない。**

このテーゼに従えば、極東の経済大国は世界有数のインテリジェンス強国であっていいはずだった。軽武装の通商国家を標榜する以上、情報力こそがこの国の安全保障を担保して然るべきである。

だが現実は、「INTELLIGENCE」という語が持っているニュアンスを正確に日本語に置き換える訳語すら持たない「不思議の国」だったのである。膨大で雑多な「INFORMATION」

から、情報の宝石を見つけ出し、決断の拠り所とする「インテリジェンス文化」とでも呼ぶべきものがニッポン社会には稀薄であった。

「インテリジェンス」を紡ぎ出すシステムを著しく欠いた脆弱な通商国家、そんなニッポンのありように一石を投じたい――そうした願いを込めて本書を編んだ。

＊　＊

われわれが選んだ仕事も、それぞれにジャーナリスト、外交官と異なっており、赴任して長く暮らした国も、アメリカ・ドイツとソ連・ロシアと異なっている。大組織から身を引いて独立した経緯も全く違う。にもかかわらず、情報小国に甘んじる祖国の姿に強い危機感を抱いていた点だけはぴたりと重なっていた。

そんな折、幻冬舎新書の創刊号として『インテリジェンス　武器なき戦争』と題する対論本を上梓した。北朝鮮が核武装への意思を鮮明にしつつあった二〇〇六年の暮れのことだった。当時は「インテリジェンス」をタイトルに謳うことに幻冬舎の編集サイドは強い難色を示した。いまや「インテリジェンス」と銘打った書籍が巷の書店には溢れている。国家の先行きに言い知れぬ危機意識を抱いている人々が増えている証左なのだろう。

しかし、「インテリジェンス本」の多くは、欧米で編まれた教科書の翻訳か、それを翻案した解説書にすぎない。いま日本が置かれている状況と真摯に向き合い、東アジアの視点から書かれた書籍は数えるばかりである。

インテリジェンスを武器に、烈しく揺れ動く現下の情勢を読み解いた「テキスト」を編んでほしい――。

外交や安全保障、それに国際ビジネスの最前線で格闘する若い世代の読者からそんな要望が数多く寄せられた。

しかしながらインテリジェンスとは年季なのである。現場の経験がモノをいう世界だ。しかもインテリジェンスは直観に頼る一種のアートでもある。情報世界の神は、天性の勘に恵まれた者にのみ微笑む。インテリジェンスの技を学んだからといって、インテリジェンス感覚が磨かれるとは限らない。

逡巡《しゅんじゅん》していたわれわれの背中を押してくれたのは、ひとつのセミナーだった。東京・神田神保町のすずらん通りにある東京堂書店・東京堂出版が共催した『インテリジェンスの最強講座』（二〇一五年二月～三月）がそれだった。現場の実務家たちが日々の仕事でいかなる問題に直面し、どのようにして解を導き出しているのか。鋭い問題意識を持つ人たちを選りすぐって、三回にわたる「最強講座」にお招きした。受講者から寄せられる質問に答えて討論を交わし、インテリジェンスの視点から眼下に繰り広げられている情勢を共に読み解き、近未来の予測にも踏み込んでいった。

受講者と真剣な議論を重ねているうち、やはり「インテリジェンスのテキスト」は必要かもしれないという思いを強くした。新潮新書で二〇一二年から毎年上梓してきた『動乱のインテリジェンス』、『知の武装　救国のインテリジェンス』、『賢者の戦略　生き残るためのインテリジェンス』の対論三部作も踏まえて、インテリジェンスを初めて学ぶ人たちにもわかりやすい「テキスト」を編もうと心がけた。本文中には適宜「小年表」と「歴史地図」を、巻末にはインテリジェンスに関する基本的な「用語解説」と「年表」をつけ、「索引」も充実させた。

＊　＊

インテリジェンス感覚に磨きをかけ、現実に生起している出来事の本質を精緻に捉えて、先行きの定かでない近未来を的確に予見したい――。

誰しもがそう願うのだが、インテリジェンスの基本を学んだからといって、現実の事象を縦横に解き明かし、未来をぴたりと予見することなどできるはずがない。

世界最大の情報機関といわれるＣＩＡ（アメリカ中央情報局）、そして陸海軍の情報機関は、三度、未曾有の奇襲を許している。一九四一年には米海軍の真珠湾基地を攻撃され、一九九〇年には突如イラク軍のクウェート侵攻を許し、二〇〇一年九月一一日には米本土への未曾有のテロ攻撃を受けている。

国家に忍び寄る危機を予測するため、膨大な予算と人員を注ぎ込んできた巨大な情報機関も、その戦歴は惨めな「錯誤の葬列」なのである。だからと言って、膨大で雑多な情報の洪水から、忍び寄るクライシスの兆候を見つけ出す努力を諦めていいわけがない。それは巨大地震のささやかな兆候を懸命に追う地震予知学者にも似て、想像すらかなわない事態をひたすら想定して有事に備えようとする営為なのである。

米ソの冷戦が終わって四半世紀が経とうとするいま、国際社会が暗黙の前提としてきた主権国家という枠組みは次第に溶け始めている。その柔らかい脇腹から姿さだかでない脅威が頭をもたげつつある。

ウクライナやイラク、シリアこそ、その典型だ。東ヨーロッパの穀倉地帯に位置する「忘れられた破綻国家」ウクライナは、西欧とロシアの狭間で揺らぎ続け、中東の沙漠地帯ではイスラム原理主義が台頭して、既存の国家群が神の代理人を僭称《せんしょう》する「カリフ」が統治するイスラム過激派組織「イスラム国」（ＩＳ）に取って代わられようとしている。

旧来の思考や法的枠組みでは到底捉えきれないこれら二つの対象に焦点をあて、「インテリジェンス」を武器に二一世紀の新たな事象に分け入っていく——これこそ本書が挑もうとするテーマである。

＊　　＊

ウクライナという国は、米ソ冷戦の終焉を待ち受けていたように、モスクワの軛《くびき》から逃れて悲願の独立を果たした。一九九一年一二月一日のことだった。だがこの時に確定したウクライナ領の一部が、二三年の後、ロシアに奪われることになろうとは誰が予想しただろうか。

「クリミアのロシア系市民が自ら望んでロシア連邦に組み入れられたのである」

ウラジーミル・プーチン大統領は、ウクライナ領のクリミア自治共和国とセヴァストポリ特別市をロシア領に編入した理由を傲然と宣言した。

このクリミア併合から一年後の二〇一五年三月、プーチン大統領は、ロシア国営放送のインタビューで「NATO（北大西洋条約機構）諸国の攻勢に備えて核兵器の使用を準備していた」という衝撃的な発言をして国際社会を驚かせた。

一方の欧米諸国はクリミア半島のロシアへの併合を非難する声明は出しながらも、具体的な行動に出ようとはしなかった。ポロシェンコ大統領率いるウクライナ政府も軍事力を使って断固これを阻止しようとはしなかった。

こうした情勢に勢いづいたのか、ロシア系住民が多く暮らすウクライナ東部地域では、親ロ派の武装勢力が、ウクライナからの独立を求めてウクライナ国軍と激しい戦闘を繰り広げた。二〇一四年四月から五月にかけて、親ロ派武装勢力の一部は、「ドネツク人民共和国」と「ルガンスク人民共和国」を名乗って独立を宣言するに至った。そして七月にはドネツク州の上空で親ロ派の部隊が発射したとみられる地対空ミサイル「ブーク」によってマレーシア航空機が撃墜され、三〇〇名近い乗員・乗客が犠牲となった。九月、ミンスクで「停戦協定」が結ばれたものの、戦闘は依然としてやまなかった。

国内に様々な民族を抱えながら、一つの領土を実効支配している主権国家は決して珍しくない。だが、限られた地域で多数派を占める民族が、同じ民族が暮らす隣国へ編入を望むような事態を簡単に許してしまえば、国際社会が前提としている主権国家の原則が根底から揺らいでしまう。「忘れられた破綻国家」といわれるウクライナではいま、新たな危機が深く進行している。

現下のウクライナ情勢こそ、われらがインテリジェンス能力を試す格好の試金石なのである。

＊　＊

国際社会が対峙しているいま一つの脅威は「イスラム国」という未曾有の存在である。「イスラム国」は、二〇〇三年のイラク戦争をきっかけにイラク国内で芽生えた「イラクのアルカイダ」を淵源とする。イスラム教スンニ派を中核とするこの組織は、かつてオサマ・ビン・ラディンに率いられた国際テロ組織「アルカイダ」とは性格を異にしている。「カリフ」を僭称するバグダーディー師を指導者に戴いて、イラクからシリア一帯にかけて全く新しい「神の国」（カリフ帝国）を創り出そうとしている。

彼らはサイクス・ピコ協定で引かれた既存の国境線を否定し、既成の国家組織も認めようとしない。そんな「イスラム国」にとって、同じイスラム教の国家イランこそ憎むべき敵である。シーア派のなかでも一二イマーム派に属するイランは、「偽の革命理論」を弄んでイスラム教徒を惑わせていると断じて、イランを倒すことこそ至高の大義だとしている。

アメリカ軍がイラクから撤退したのは二〇一一年の暮れだった。だが、イラクにとってそれは平和の訪れを意味しなかった。さらなる混迷の始まりにすぎなかった。シーア派のマリキ政権の支配地域は次第にイラク西部に追い詰められ、その隙を衝くように「イスラム国」はスンニ派の不満分子を糾合して支配地域を広げていった。有力な油田地帯を制圧し、盗掘した石油を密輸して肥え太っていった。さらに銀行を襲って資金を獲得し、西側諸国の人質を取って身代金をせしめて、三万人を超える兵士を養っている。

固有の領土を有して国境線を画定し、国際法を遵守する——。既成の主権国家が備えている基本的な枠組みがことごとく溶解しているのである。

**一切の予断を排して、現実をありのままに眺め、その実像を等身大で描き出す——これこそがインテリジェンスの要諦だ。**それゆえ「イスラム国」という存在こそ、「インテリジェンス」に携わる者にとっては、どうしても極めなければならないフロンティアといえる。

＊　　＊

破綻国家「ウクライナ」とカリフが支配する「イスラム国」。

二つの地域には、超大国アメリカが抱える苦悩がそのまま映し出されている。世界の警察官を自任してきたアメリカは、化学兵器の使用に手を染めたシリアのアサド政権を武力で制裁することを見送り、スーパー・パワー、アメリカの「終わりの始まり」の幕を開けてしまった。ロシアのプーチン大統領は、この機を見逃そうとしなかった。外交の主導権を一気にアメリカから奪いとると、シリアに化学兵器を放棄させてみせた。

ウクライナ情勢でプーチン大統領が攻勢に転じる素地はこの時整ったと見ていい。偽装したロシア軍をクリミアやウクライナ東部に浸透させ、思うさま国際政局をリードしていった。その一方でアメリカは、ウクライナ情勢をめぐってロシアと対立し、同時に「イスラム国」の脅威と対峙するという、危うい二正面作戦に踏み込もうとしている。

＊　　＊

「イスラム国」は既成の勢力と一切の交渉を峻拒《しゅんきょ》する。譬《たと》えてみれば、エボラ・ウィルスにも似た存在なのである。獰猛なウィルスを封じ込めるには、気の遠くなるような忍耐と関係国の堅い連携が必要となる。

アメリカはいま、破綻国家ウクライナを間に挟んでロシアと対峙する一方で、「イスラム国」とも向き合っている。視点をロシアに移せば、プーチン大統領こそが国際政局の主導権を握っていることを意味する。旧ＫＧＢ（ソ連国家保安委員会）出身の老獪《ろうかい》なロシア大統領は、ウクライナ情勢をめぐって欧米に攻勢をかけようと思えば、「イスラム国」をめぐる国際包囲網でこっそりと手を抜けばいいことを心得ている。ロシアのサボタージュは、「イスラム国」を何としても潰したいアメリカを苦境に陥れる。

プーチン大統領に率いられたロシアは、天然ガスの供給というカードを使って、中国に接近する戦略を取りつつある。エネルギーの供給先を安定的に確保した新興の大国、中国は、「海洋強国」を呼号して東アジア海域で一段と攻勢を強めることになろう。強盛になった中国は、日本列島の安全保障環境に決定的な影響を与えずにはおくまい。

日本国内にはいま、短絡的な中国警戒論が溢れているが、インテリジェンス感覚を研ぎ澄ませて、東アジアの現況を怜悧《れいり》に分析している戦略家は多くない。日米同盟のカウンター・パートであるアメリカが、ウクライナの混迷に手を焼き、同時に「イスラム国」の攻勢に手こずれば、世界の警察官としての威信にさらに陰りが生じよう。日本が中・ロの戦略的接近を軽く見て、欧州情勢が東アジアに及ぼす影響を見逃す危険をなしとしない。

＊　　＊

戦後のニッポンは、新興の軍事大国、中国のように核ミサイルや空母を敢えて持とうとはしなかった。そして、同盟国アメリカの凋落を目の当たりにしながら、いまだに対外インテリジェンス機関を持っていない。ウサギは鋭い牙を持たないゆえに、長い耳をそなえて、遥か彼方に芽生えた危機をいち早く察知し身を護る。戦後の日本は鋭い牙を研ごうとはしなかった。その一方で「インテリジェンス」という名の長い耳も持たなかった。そんな日本も、ようやく国家安全保障会議を創設して、国家に迫りくる危機に備える体制づくりに歩み始めた。

**「インテリジェンスに同盟なし」**――。

アメリカの情報に依拠して追随する幸せな戦後の環境はすでに失われようとしている。国家のインテリジェンス能力に磨きをかけるために、次世代を担う人材を育てたい。ニッポンを卓越した情報能力に拠って立つ「インテリジェンス強国」に――。

そう考えて本書は編まれた。国際社会での日本の影響力を高めるためにも「インテリジェンス」の技法を日々の暮らしにも生かしてもらいたい。

日本が自由でしなやかな発想に溢れた市民から成る国家に変貌を遂げるために、この「最強テキスト」がいささかでもお役に立てればと願ってやまない。

# Ⅱ

# インテリジェンスで読み解く「ウクライナ」

## インテリジェンスを磨く素材――ウクライナ

極東の島嶼《とうしょ》国家ニッポンに生まれた人々にとって、ウクライナは時に知的にも皮膚感覚でも理解を超える存在なのかもしれない。ユーラシア平原ではかつてスキタイと呼ばれる騎馬民族がおびただしい家畜を引き連れて遊牧生活を営んでいた。そして中世には東スラブ人がキエフ・ルーシ公国を樹立した。その後、ウクライナはロシア帝国の版図に組み入れられ、小ロシアとして生き延びた。ウクライナの民は国家こそ持たなかったが、民族のアイデンティティは失わなかった。島嶼列島に暮らす農耕民族であるニッポンの人々にとって、想像することすら難しい不思議の国だろう。ユーラシアの大草原を貫くドニエプル河の流域に拡がる豊穣の地は、その時々、国境線と領域と住民を様々に組み替えながら今日に至っている。あたかも蜃気楼の彼方にたゆたう幻影のような国であり続けてきた。

島嶼国家とは隔絶した戦略環境に置かれている大陸国家。その動向を精緻に捉えるには、彼の地の歴史的背景、地誌・民俗、それに文化の違いなどを視野に収めて、対象を俯瞰する視座を持たなければならない。

その時々、七色の虹のように表情を変えながらうつろうウクライナは、インテリジェンスの技を磨きたいと願う者にはまたとない対象なのである。

冷戦の時代、クリミア半島は黒海艦隊の拠点を擁して重要な戦略上の要衝であった。だが、スターリン亡き後、政治局を掌握したフルシチョフ首相は、ウクライナの人々の心を摑む狙いもあって、クリミア半島をソビエト連邦下のロシア共和国からウクライナ共和国の版図に移し替えた。一九五四年のことだ。ソビエト連邦はウクライナをがっちりと押さえ込んでいるという揺るぎない自信があったからだろう。

ベルリンの壁が崩れると、ウクライナは民族の悲願だったソ連からの分離独立をようやく果たした。ウクライナはついにモスクワの軛《くびき》から逃れたのだ。その一方で、クリミア自治共和国とセヴァストポリ特別市は従来通りウクライナ領土にとどめ置かれた。一九九一年一二月一日のことだ。

東西冷戦に終止符を打った世界で、力によって他国の領土を侵す事態など訪れまい——。誰しもそう願ったのだが、独裁者サダム・フセインに率いられたイラク軍は、一九九〇年、突如として隣国クウェートに侵攻し、領土と油田地帯を強奪した。湾岸危機の勃発である。超大国アメリカは、旧東欧諸国を含めた多国籍軍を編成して、翌九一年、クウェートに攻め入ってイラク軍を駆逐し、クウェートの主権を回復する。以後、軍事力によって他国の領土を奪い取る国は出現しないかに見えた。

## ウクライナと周辺国

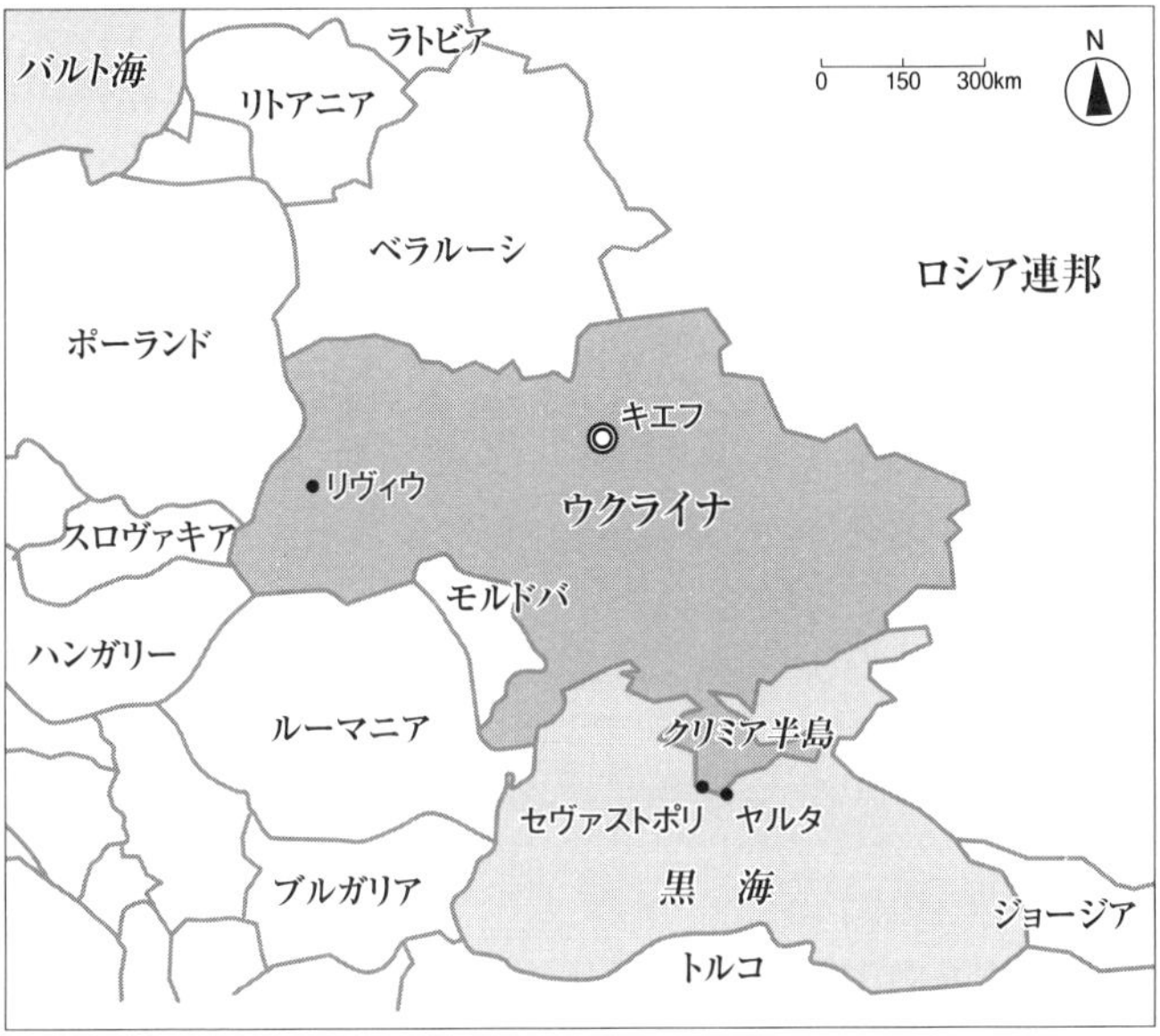


(2015年現在)

ところが、ウラジーミル・プーチン大統領率いるロシアは、ウクライナ領だったクリミア自治共和国と黒海艦隊の母港を抱えるセヴァストポリ特別市を突然併呑してしまった。二〇一四年三月のことだ。クリミア半島は歴史的にも民族的にも、ロシアとの結びつきが強く、現地住民の大多数を占めるロシア系市民はロシアへの編入を強く望んでいる――プーチン大統領はそう主張して、クリミア併合を強行したのだった。

クリミア自治共和国とセヴァストポリ特別市を呑み込めば、国際社会から厳しい指弾を浴びるに違いない。プーチン政権はそう考える一方で、ウクライナの親欧米政権には武力でクリミアを奪還する力はあるまいと怜悧に読んでいた。結果は果たしてその通りとなった。そして、NATO（北大西洋条約機構）諸国も、アメリカのオバマ政権も、軍事力に訴えてまで、クリミア併合に抗う意思を見せなかった。

「ロシアは国際関係の自立した、積極的な参加者である。だからこそ他の国々と同じ様に、ロシアにとっても、考慮しなければならない、尊重しなければならない国益というものがある」

クリミア併合にあたってのプーチン演説である。ロシアの国益のためなら近隣諸国の領土を併呑しても構わない――そこには帝国主義者の発想が色濃く滲んでいる。一九世紀、中央アジアの地を舞台に列強の間で戦われた「グレート・ゲーム」は、二一世紀のいま、ウクライナを主戦場に蘇った。

**ウクライナ・ロシア関係の略年表**

| | |
|---|---|
| 1853年 10月 | クリミア戦争 |
| 1917年 11月 | ウクライナ国民共和国樹立宣言 |
| 12月 | ウクライナ・ソビエト戦争 |
| 1922年 12月 | ソビエト社会主義共和国成立 |
| 1954年 2月 | フルシチョフ・ソ連首相、クリミアをウクライナ共和国に所属替えする |
| 1991年 12月 | ウクライナ、ソ連から分離独立<br>ロシアを中心とする独立国家共同体（CIS）創設、ソ連消滅<br>ゴルバチョフ・ソ連大統領辞任 |
| 2004年 11月 | ウクライナ大統領選不正をめぐり、抗議運動（オレンジ革命） |
| 12月 | ウクライナ大統領選のやり直し。野党のユシチェンコ当選。首相にティモシェンコ |
| 2010年 2月 | ウクライナ大統領選。ヤヌコーヴィチが決選投票でティモシェンコを破り当選 |
| 2014年 2月 | ウクライナ騒乱（反政府デモ）。議会、ヤヌコーヴィチ大統領を解任 |
| 3月 | クリミア半島でロシア帰属をめぐり住民投票<br>ロシア、クリミア自治共和国・セヴァストポリ特別市を「併合」<br>ウクライナ東部を中心に、親ロシア派とウクライナ政府派との武力衝突が始まる |
| 5月 | ウクライナ大統領選。ポロシェンコが勝利 |
| 7月 | ウクライナ上空でマレーシア航空機撃墜 |
| 9月 | ロシアとウクライナ、ミンスク協定で停戦合意 |
| 2015年 2月 | 独・仏・露・ウクライナ、和平交渉。停戦合意 |
| 3月 | プーチン大統領、クリミア併合に際し核兵器使用の可能性があったと発言<br>駐デンマーク露大使、デンマークがＭＤに加わった際、核兵器使用の用意があると発言 |
| 5月 | モスクワにて対ナチス・ドイツ戦勝70周年記念式典。習近平・中国国家主席ほか出席<br>メルケル独首相、モスクワ訪問 |

## プーチンの「核使用」発言の波紋

クリミア併合から一年を迎えた二〇一五年三月一五日、プーチン大統領は、ロシア全土で放映された国営放送のテレビ番組「クリミア、祖国への道」のインタビューにこう答えている。
「ロシアはクリミア情勢が思わしくない方向に推移した場合に備えていた。核戦力を担う部隊に臨戦態勢を取らせることも検討していた。しかし、そうした事態は起こらないだろうと考えていたが――」

核大国ロシアの最高首脳が、核の先制使用に触れたのである。放送にあたっては慎重の上にも慎重に言葉を選んで発言したのだろう。大国の首脳自らが核兵器の使用にここまで明確に言及した例があるだろうか。プーチンの核発言は、欧米で超弩《ど》級の波紋を巻き起こしていった。

しかし、日本の政府当局者もメディアも、この発言をプーチン流の脅しにすぎないと受け流した節がある。日本メディアの地味な扱いを見れば、ニュース・バリューの判断を誤っていたことは明らかだ。プーチン大統領の真意がいかなるものであれ、これがきっかけとなって核戦争の戦端が開かれる可能性はなしとしない。核の時代を生きる――その恐ろしさとは、核戦争を現実に戦った者など地上に一人もいないことにある。

「核戦略を担う者に求められるもの――それはありえない事態をこそ思い描く想像力である」

冷戦の時代、幾多の米ソ核軍縮交渉に携わったポール・ニッツェやリチャード・パールがしばしば引いた師、アルバート・ウォルステッターの言葉である。超大国アメリカの中枢部に身を置き、一九六二年のキューバ・ミサイル危機や一九六九年の中ソ国境紛争で核戦争の深淵を覗き見た戦略家たちにとっては、核の惨劇はごく身近にあったのだ。

ＫＧＢ（ソ連国家保安委員会）の鍛え抜かれた将校だったプーチン大統領は、したたかなインテリジェンスのプロフェッショナルだ。核使用をめぐって思いつきの発言などするわけがない。クリミア併合はロシアの国益にとって死活的に重要であり、核兵器の使用も辞さない――。そこには政権の強い意思が滲んでいることをＮＡＴＯ諸国は見過ごしてはならないと伝えたかったのだろう。

核の使用をめぐるプーチン発言によって、ロシアは外交・安全保障戦略の舵を大きく切った。それを裏付けるように、デンマーク政府に対して強烈なメッセージが発せられた。アメリカが主導する「ミサイル防衛計画」にデンマークが参加した場合は、ロシアの核兵器の攻撃対象になる――こう警告する異例の措置がとられた。二〇一五年三月二一日付のデンマーク紙『ユランズ・ポステン』は、ミハイル・ワーニン駐デンマーク・ロシア大使の寄稿を掲載した。「デンマーク政府がアメリカ主導のＭＤ（ミサイル防衛）に加われば、何が起きるのか十分理解していないようだ。デンマーク海軍の艦艇がロシアから発射される核ミサイルの標的になることを心得ておくべきだ」

デンマークのリデゴー外相はただちに反撃した。

「到底、受け入れがたい理屈だ。ロシアはかかる脅しをするべきではない」

従来、ロシア政府は独自の核ドクトリンを設け、核使用に明確な歯止めを設けてきた。ロシアが核攻撃を受けたとき、もしくは国家の存立を脅かされたとき以外には核を使用しないというものだ。今回の駐デンマーク・ロシア大使の「特別寄稿」は、こうしたドクトリンから明らかに逸脱している。核使用のハードルを意図的に下げて、極めて危険な領域に踏み込んでいる。

出先の一ロシア大使が独断でこれほど重大な発言をするはずはない。ロシア外務省の訓令に基づいて、内容を周到にすり合わせた上での投稿だったのだろう。ロシアは、自らの国益にとって死活的に重要と考える場合には、核兵器による威嚇を含む軍事手段に訴えることをためらわない――こう内外に宣言したのだった。

北の核大国による恫喝外交が幕を開けたのである。

## 対ロ経済制裁の効き目は

クリミア併合を強行したプーチンのロシアに、欧米諸国は手を拱《こまね》いて傍観していたわけではない。二〇一四年七月、ＥＵ（欧州連合）に加盟する二八カ国はロシアを強く非難する声明を発表した。

「ロシア政府はウクライナで分離主義者たちの武装勢力を支援している」

ＥＵはそれまでも累次にわたってロシアへの経済制裁を実施してきたが、クリミア併合で一挙に制裁の内容を強化したのだった。

ロシア政府はクリミア併合の後も、ウクライナ東部で親ロ派の武装勢力に武器・弾薬を供給していただけではない。チェチェン共和国などから特殊部隊を密かに送り込んで、親ロ派へのてこ入れを続けていた。

こうしたなかで、二〇一四年の七月、親ロ派の支配地域から発射された地対空ミサイルでマレーシア航空機が撃墜され、三〇〇人近い犠牲者が出た。これによって、制裁の強化に水面下で難色を示していたドイツが折れた。この事件こそ、ＥＵをさらなる制裁強化へ向かわせる引き金となった。

アメリカとＥＵの対ロ経済制裁の柱は、ロシア政府高官の入国禁止や高官・財界の要人が在外に持つ資産の凍結など従来のものに加えて、（一）ガスプロム銀行など五つの主要銀行が欧州圏で新規の株式を発行することを禁じるとともに、満期が九〇日を超える資金の調達を禁止する。(二)さらにガスプロムなどロシアの主要エネルギー企業に対して深海、北極海、シェールガス事業で開発技術・機器を供与することを禁じる。(三)ロシア国営企業がアメリカ国内で所有する資産を凍結するとともにそうした企業との取引を禁じる強硬な処置をとる、とEU理事会が決定した。二〇一四年七月三一日のことだ。

これに対してプーチン政権は、同年八月六日、農産物をEUやアメリカから輸入することを禁じる対抗措置に踏み切った。だが日本に対してはこうした措置を適用せず、日ロ関係の今後に改善の余地を残したものとなった。

EU域内で最大の影響力を誇るドイツは、ロシア国内で巨額の投資を行う一方で、ロシアからの天然ガスに大きく依存しているため、制裁強化を求めるアメリカに当初は同調しなかった。しかし、マレーシア航空機の撃墜事件で多くの犠牲者を出したオランダをはじめとするEU加盟国の突き上げもあって、対ロ制裁に踏み切らざるを得なかった。

一連の制裁措置は、ロシアの命綱ともいえるエネルギー産業に狙いを絞ったもので、ロシア経済にとってはかなりの打撃になると見られた。だが、ロシア産原油の欧州諸国への輸出は、当面、制裁の対象外とされた。

二〇一四年のロシア経済は、貿易収支の基調が依然として黒字で、外貨準備高も高い水準を維持していた。さらに公的債務のGDP比率も二〇%を割り込んでおり、むしろ改善の兆しが見られていた。ところが、ウクライナ問題をめぐる先行きの不透明感と対ロ金融制裁の影響によって多額の資本流出が起こり、ロシアの通貨ルーブルは大きく下落する。追い打ちをかけるように原油価格も低迷していく。このためロシア経済はかなりのダメージを蒙ったのである。

にもかかわらず、ロシア国内ではプーチン大統領の責任を追及する声はそれほど高まらなかった。それを裏付けるように、プーチン政権の支持率は二〇一四年八月時点でなおも八〇％超と過去最高の水準に高止まりしていた。ロシア革命やソ連邦の崩壊など幾多の試練を経験してきたロシアの人々にとって、一連の経済制裁などさしたる痛手とは感じなかったのかもしれない。国民感情をアメリカへの反感に誘うプーチン政権の巧みな世論工作も功を奏して、プーチン大統領はいま「現代のツァー（皇帝）」として揺るぎなき基盤を築きつつあるように見える。

## 第三国枢軸の登場

ロシアのプーチン大統領は、国内の支持基盤を堅固なものにしながら、二一世紀のユーラシア圏を創り出そうとしている。欧米諸国と対抗しながら、対外戦略の面ではあらたに東方に舵を切りつつある。新興の大国、中国との絆を強めようと動いているのである。

欧米諸国が敷こうとしている対ロ・エネルギー包囲網を打ち破ろうと、プーチン大統領は

「アジア相互協力信頼醸成措置会議（CICA）」に出席するため、上海を訪れた。これを好機と捉えて、ロシア産の天然ガスを三〇年にわたって中国に供給する契約交渉に臨み、難航していた価格折衝を一気にとりまとめたのだった。二〇一四年五月のことだ。

プーチン大統領自らの果断な決断で、八年ごしの中ロ交渉はようやく決着した。だが肝心の価格はいくらで折り合ったのか、ついに公表されなかった。それまでの交渉では、ロシアからの天然ガスを「東ルート」と「西ルート」のパイプラインを敷設して中国に供給することでは基本合意に達していた。だが、ロシア側が一〇〇〇立方メートルあたり三五〇ドルを要求したのに対して、中国側は二五〇ドルを主張して譲っていなかった。今回はロシア側が価格で譲歩したと見られる。EU市場への依存から脱して、天然ガスの供給ルートを多角化しておくという国家戦略を優先させたのだろう。

天然ガスをめぐる中ロの折衝には、その時々の欧州情勢がそっくり映し出されている。二〇〇六年三月、中ロの交渉が始まったのは、ロシアの大手ガス会社「ガスプロム」の最大の供給先の一つ、ウクライナとの契約更改交渉がこじれにこじれていた時期だった。その二年前に民主化運動「オレンジ革命」が起きて親欧米派の新政権がウクライナに誕生したため、「ガスプロム」は天然ガスの供給を凍結していた。ロシアはエネルギー立国として、東アジアに安定した供給先を確保しようと中国へ接近した。ウクライナで親欧米政権が誕生したことが、ロシアを中国へと駆り立てたのだった。

ウクライナ情勢をめぐって、欧米諸国が戦略的思考を欠いたままロシアをいたずらに追い詰めていけば、ロシアは中国への傾斜を一層強めていくだろう。そして、モスクワと北京の連携にテヘランを加えた新しい枢軸が姿を現すことになろう。

中国は新しい枢軸を拠り所に、ロシアとイランから石油や天然ガスを安定的に手に入れ、堅牢なエネルギー調達システムを築き上げるはずだ。「モスクワ・北京・テヘラン枢軸」はエネルギーの調達で威力を発揮するだけではない。ロシアと中国は共に核保有国であり、イランも虎視《こし》眈々《たんたん》と核兵器開発を狙っている。「モスクワ・北京・テヘラン枢軸」は核の刃もちらつかせながら、東アジアで、中東全域で、攻勢に出る態勢を整えていくだろう。

「プーチンのロシア」を中国とイランの側に追いやってしまえば、「習近平の中国」はエネルギー調達の憂いなく、海洋強国を呼号して、東シナ海や南シナ海でプレゼンスを高めていくはずだ。中国からの烈風はやがて日本列島にもじかに吹きつけるだろう。

**インテリジェンスとは、眼前に生起している情勢を精緻に読み解き、近未来に起きる事態を近似値で予測する技である。**ウクライナ問題をめぐって、欧米が強硬姿勢をとり続ければ、ロシアをさらに中国に傾斜させることになる。二〇一五年五月九日、対ナチス・ドイツ戦勝七〇周年記念式典のパレードがモスクワの赤の広場で行われ、中ロ両軍が揃って行進した光景は、モスクワと北京の蜜月ぶりをアピールするものだった。

こうした事態は日本の国益にかなうのか。欧米の対ロ経済制裁に一周半遅れで追随するだけでなく、ロシア側と独自に折り合う余地はないのか、探ってみるべきだろう。「モスクワ・北京・テヘラン枢軸」を打ち破ってみせる日本独自の戦略は検討されていいはずだ。

いまこそ、インテリジェンス感覚を研ぎ澄ませ、中国の影響力を殺《そ》ぐためのしたたかな戦略を模索すべき時なのである。

## 独・仏・米、それぞれの狙い

ウクライナ情勢をめぐって強硬姿勢をとるアメリカと一線を画して、ロシアと密やかに戦略対話を続けるドイツ。アンゲラ・メルケル首相は英米と歩調を合わせて、対独戦勝式典への出席を見送った。だが、その直後にモスクワを訪れて、先の大戦で逝った両国の兵士や市民にプーチン大統領と共に哀悼の意を表した。この光景こそ現下の独ロの間柄を象徴している。

現在のドイツとロシアの経済的結びつきは極めて強い。ドイツ企業はロシア国内のビジネスに様々なかたちで参入している。その総投資額は二〇〇億ユーロ、日本円にして約三兆円にも及ぶ。またエネルギーの調達では、天然ガスの三五％をロシアからの供給に頼っている。

一方、ドイツの軍産複合体の視点に立てば、ウクライナやロシアはさして重要な市場ではない。戦後のウクライナは、ソ連邦、そしてロシアの兵器廠《へいきしょう》であったため、ドイツ製の武器・弾薬の主要な供給先にはならなかった。それゆえ、ウクライナの動乱は、ドイツの兵器産業にとっては、大きなビジネス・チャンスにはならなかった。「メルケルのドイツ」が求めているものをひとことで言い表せば、ユーラシア平原にあってウクライナをドイツの緩衝国家にしておくことなのである。

そのドイツが盟友とし、共にEUの牽引役を担うフランスは当初、ウクライナ問題を死活的に重要な問題とは捉えていなかった。だが、二〇一五年一月、フランスがイスラム過激派による連続テロ事件に見舞われると、「イスラム国」の脅威が差し迫ったものとなる。欧州大陸の背後にウクライナの混迷を抱えたまま、同時に「イスラム国」の脅威と対峙する余裕はない。フランスのオランド大統領は、まずウクライナの停戦を実現して、彼の地に平穏な情勢をつくりだし、安んじて対「イスラム国」包囲網の構築にと動いている。

一方、NATO同盟の盟主アメリカは、ロシアの攻勢が続けば、ウクライナ国軍への武器の供与もためらわないという強硬な姿勢を強めている。アメリカがウクライナの東部国境で親ロ派の武装勢力と対峙するウクライナ国軍の戦闘部隊に大量の武器・弾薬を供給する事態となれば、米ロの代理戦争の様相を呈することになるだろう。

そのアメリカは同時にいま、イラクからシリアにかけてアメーバのように広がる「イスラム国」の脅威と相対している。有志連合を組織して大がかりな空爆を継続し、限定的ながらアメリカの地上軍も現地に派遣して、対「イスラム国」戦争は熾烈なものになっている。「オバマのアメリカ」は、ウクライナの動乱に臨む一方で、「イスラム国」という脅威にも同時に立ち向かうという「二正面作戦」を強いられつつある。そうした構図が、日本を含む同盟国の対外戦略にも大きな影を落としている。

## プーチンの対ウクライナ戦略

ウクライナとロシアに国境を接するベラルーシの首都ミンスクで、二〇一四年九月に最初の「ミンスク停戦合意」が関係国の間で交わされた。だがほどなくして合意は反故にされ、ウクライナ東部の各地では再び戦闘が激化した。

こうした情勢を受けて、ドイツのメルケル首相とフランスのオランド大統領は、ミンスクで再び精力的な調停工作を繰り広げた。交渉は二〇一五年二月一一日から始まり、翌一二日にかけて、実に一六時間に及んだのだった。ウクライナ、ロシア、それにドイツ、フランスを交えて、複雑な停戦の協議が続けられた。

まさにそのさなか、親ロ派の制圧地域と緩衝地帯の境界では重大な異変が起きていた。ロシア側の支援を受けた親ロ派の部隊が、戦略上の要衝、デバリツェボに攻勢をかけたのだ。デバリツェボは当時、ウクライナ国軍が制圧していた。だが親ロ派の精鋭部隊がこれを攻略し、ついに親ロ派の手に陥《お》ちてしまった。

にもかかわらず、調停者であるドイツとフランスの両首脳は、デバリツェボをロシア側の手に委ねれば、停戦協定がロシアと親ロ派に有利に傾いてしまう実態に目をつぶり、停戦の実現を何より優先させた。

半年前の停戦合意と較べてみれば、ロシア側と親ロ派の優勢は明らかだろう。戦略上の要衝デバリツェボを含めて、停戦ラインが大きく西側に移っている。重火器の引き離しラインは、ウクライナ側に大きく食い込んでしまったのである。緩衝地帯の設定にあたっても、調停者であるドイツとフランスは、ウクライナの不利に目をつぶったのだった。

一六時間に及んだ会議から記者団の前に姿を現したプーチン大統領は、こう述べている。

「今回の合意で非常に重要だと考えている点は、ウクライナ軍が現在の前線から重火器を引き揚げることだ。ドンバスの義勇軍が二〇一四年九月一九日のミンスク合意で明示されたラインから引き揚げることが必須である」

ウクライナ国軍と親ロ派の部隊の係争地帯がウクライナ領に食い込み、重火器引き離しの中間地帯は西に移動させられている。これらの緩衝地帯より東側には、ウクライナの中央政府の実効支配が及ばなくなったとプーチン大統領は傲然と言い放ったのだった。

プーチン大統領は攻勢を緩めなかった。ウクライナ政府に堂々と憲法の改正を求め、ルガンスクとドネツクに特別な地位を与えるように迫った。キエフの中央政府の実効支配が及ばない事実上の連邦制を採用するよう要求したのだった。さらに交渉がここまで難航したのは、ウクライナ政府がルガンスクとドネツクの代表者たちと直接接触するのを拒んでいるからだと指摘し、二つの「人民共和国」の代表者を正統なものとして認めるよう迫っている。

「プーチンのロシア」は、欧州情勢の安定を何より優先させて、ウクライナの停戦を迅速に実現したいと願う独仏の足元をみすかし、ロシア側に有利な停戦協定をもぎ取ってみせたのだった。

## 兵器大国ウクライナ

ソ連最後の大統領ゴルバチョフも、ロシア最初の大統領エリツィンも、「現代のツァー」と呼ばれる現大統領プーチンも、ウクライナがＮＡＴＯに加盟する事態だけは断じて阻みたいと考えてきた。ウクライナが独立を果たした後もなお、モスクワにとってウクライナが「赤い兵器廠」であり続けているからだ。

第二次世界大戦が欧州戦域で最後の局面を迎えようとしていた時、ベルリンに突入したスターリンの赤軍部隊が、真っ先に押さえようとした標的があった。それはナチス・ドイツが戦局の挽回に最後の望みを託した最新鋭のロケット技術、そしてその開発に携わった科学者たちだった。

ナチス・ドイツが手がけた最新鋭のミサイル、V1号とV2号は、二つの系譜から成っていた。V2号は、北朝鮮製のノドン、テポドンのような大陸間弾道ミサイルの系譜に属し、V1号は一種の巡航ミサイルというべき系統に属している。巡航ミサイルは弾道ミサイルに較べて、スピードは遅いが標的をピンポイントで攻撃することができる。二つのタイプのミサイルは、イギリスの都市を狙って次々に発射され、イギリスの市民たちを底知れない恐怖に陥れた。

第二次世界大戦の終結を待たずに、東欧では冷戦が幕を開けつつあった。ソ連の独裁者、ヨシフ・スターリンは、新鋭兵器の威力を伝える極秘の報告に接して、この新鋭技術をどうしても手に入れたがった。後に原爆技術と原子力の科学者を獲得することを最優先したように、赤軍の精鋭部隊がドイツ東部に突入するや、真っ先にミサイルの開発技術者を探し出し、ソ連製のロケット技術の開発に投入した。

このとき、米ソ冷戦を戦う最重要の武器、核兵器を運搬するミサイルの研究・開発・生産の拠点となったのが、ソ連邦に共和国として組み入れられていたウクライナだった。

クレムリンにとって、ウクライナの地こそ、ソ連邦の勝ち残りを賭けた最重要の「赤い兵器廠」だったのである。

## NATO加盟を許すまじ

ウクライナの軍事産業の拠点は、親ロシア派武装勢力とウクライナ国軍が戦闘を繰り広げている地域に近い東部と南部に集中している。そこは「プーチンのロシア」にとっては、死活的な国家の利害が絡んだ戦略的要衝なのである。

ウクライナがNATOに加われば、ロシアは重大な決意をせざるをえない――。

その論拠は極めてシンプルだ。旧ソ連時代の宇宙産業、兵器産業は、ウクライナが連邦から独立した後も、依然としてウクライナの東部と南部に残されたままであり、ウクライナは依然として「赤い兵器廠」であり続けているからだ。ウクライナの軍需工場群や軍事ハイテク技術が、NATOに握られてしまえば、ロシアはかつての「赤い兵器廠」を喪《うしな》うだけでない。ロシアとウクライナが連携して押さえていた海外の貴重な兵器市場を喪い、その軍事ハイテク技術はNATOにそっくり流れてしまう。

そうした最悪のシナリオを回避すべく、モスクワの指導者は強力な軍事力を背景にウクライナの東部と南部を実質的な支配下に置くか、ウクライナの政権内で親ロ派によるクーデターを起こすか――欧米の情報機関はそう怜悧に分析している。それほどに「赤い兵器廠」はロシアにとって大きな存在なのである。

ウクライナはいまなお、東欧・ロシア圏は言うに及ばず、グローバルにも最大級の兵器産業を擁する国家である。二〇一二年のスウェーデンのＳＩＰＲＩ（ストックホルム国際平和研究所）の統計は、ウクライナが世界有数の武器輸出国であることを示している。その輸出額は、アメリカが第一位で八七億ドル、第二位はロシアが八〇億ドルと差がなく、第三位は中国で一八億ドル。それに続くのが第四位のウクライナで、一三億ドルとなっている。

二〇一二年の段階では、ウクライナは親ロ派のヤヌコーヴィチ政権下にあり、ロシアとウクライナはいまだ連携関係にあった。ロシア、ウクライナの兵器輸出額を合算すると九三億ドルとなり、超大国アメリカを凌ぐ。ＳＩＰＲＩは、イギリスのＩＩＳＳ（国際戦略研究所）が発行する『ミリタリー・バランス』に較べて、旧東側陣営を重大な脅威と見る発想が稀薄である。従ってウクライナ製兵器の輸出額は実際にはもっと大きく、超大国アメリカに接近している可能性があると受け取るべきだろう。

## アメリカの軍事介入のシナリオ

二度にわたる停戦協定の後もウクライナの東部地域では依然として戦闘が止んでいない——。アメリカのオバマ大統領は、ロシアが様々なかたちで武器や兵員を親ロ派に提供しているためだと不満を募らせている。停戦協定が完全に履行されないなら、親ロシア武装勢力への対抗措置として、ウクライナ国軍の防衛力を増強するためミサイルを含めた殺傷能力の高い武器を供与する用意があることを再三言明している。

常ならば、超大国であり世界の警察官であるアメリカの大統領が、ウクライナへの武器供与の意向を明らかにしただけで、モスクワに対してかなりの抑止力が生じるはずだ。だが、ウクライナ東部に蟠踞《ばんきょ》する親ロ派の部隊も、モスクワの指導部も、攻勢を緩める気配はない。オバマ大統領には伝家の宝刀を抜く度胸はあるまい——。彼らはオバマの覚悟を疑っている。

二〇一三年、オバマ大統領は、シリアのアサド政権がアメリカの警告を無視して化学兵器を自国民に使い、一三〇〇人近い死者を出したと断定した際、対シリア攻撃に踏み切れなかった。その果てにロシアのプーチン大統領に中東外交の主導権を奪われてしまう。当のプーチン大統領は、オバマ大統領の弱さを知り抜いている。そうしたオバマ政権の姿勢がウクライナ情勢に混迷をもたらしたと言っていい。

オバマ政権がウクライナ国軍に武器の供与をした場合、親ロ派の武装勢力とその背後にいるロシアをどれだけ牽制できるのか、西側の情報機関は様々な分析を試みている。

親ロ派の武装勢力は、かつての満洲における関東軍の存在に似ている。帝国陸軍の統帥部は関東軍を十全には統御できていなかった。陸軍の中央が関東軍の作戦指導に介入すると、天皇の統帥権を冒すものだとして反抗を続けるのが常だった。後述する一九三九年のノモンハン事件がその典型だ。プーチン大統領は、ウクライナ東部の親ロ派の部隊が「現代の関東軍」であることを知悉《ちしつ》している。それゆえ、ロシアがアメリカとの全面戦争の危険を冒してまで、統制が効きにくい親ロ派のテコ入れに出ることはないだろうと西側のインテリジェンス機関はやや楽観的に分析している。

だが、プーチン政権が対ウクライナ戦争に慎重な姿勢をとったとしても、大規模な戦争が回避できる保証はない。アメリカがウクライナ国軍に本格的な武器供与を始めれば、ロシアのGRU（軍参謀本部諜報総局）は、ウクライナ東部の親ロ派支配地域で暗躍し、親ロ派の部隊に武器・弾薬・兵員のテコ入れを強めるだろう。

まさしく旧満洲国の関東軍がそうであったように、ウクライナ東部に浸透しているロシアのGRUは、モスクワの制止を振り払って本格的な戦争に突入するおそれをなしとしない。二〇一五年初めの段階で五四〇〇人が亡くなっている。アメリカが武器を供与して戦闘が烈しくなれば、犠牲者は一〇倍をはるかに凌ぐ規模に膨らむだろう。最悪の場合は、数万人の犠牲が出るかもしれない。そうなればもはや本格的な米ロ代理戦争に発展してしまう。

## プーチンはGRUを統御しているか

二一世紀の火薬庫ウクライナの東部に展開する親ロ派部隊と、背後で暗躍するGRU（軍参謀本部諜報総局）。彼らを「現代の関東軍」と見立てるのには十分な理由がある。統帥部の統制が利いていないからだ。

スターリンの統治スタイルは、しばしば「鉄の統制」と形容される。ソ連邦は共産党の一党独裁のイデオロギーのもと、前衛党が軍隊も厳しく統御していた。スターリンの時代、トハチェフスキー元帥をはじめとする赤軍の最高幹部が大量に粛清されたことの記憶は、いまだに消えていない。これら一連の赤軍粛清を通じて、軍に対する党の優位が確立されていったのである。

スターリン時代に較べて、現在のロシアでは、軍にはかなりの自主性が与えられている。加えてプーチン大統領と軍との関係は緊張を孕《はら》んでいる。それはプーチン大統領がKGB（ソ連国家保安委員会）出身の政治家であることとも関係している。ソ連時代のいきさつからして、ＫＧＢに連なる人脈は、正規の軍関係者とはあまり良好な関係ではない。

政府内に併存する情報機関を**インテリジェンス・コミュニティ**と呼ぶが、ロシアのインテリジェンス・コミュニティにおいては、ＫＧＢ（ソ連国家保安委員会）とＧＲＵ（軍参謀本部諜報総局）は、宿命的なライバル関係にあった。海外での工作活動でも、組織の指揮系統も資金も異なるため、敵国の情報機関以上の憎悪を互いに抱く場合も珍しくない。

こうした現状を反映して、ウクライナ東部に浸透しているＧＲＵに対してプーチン大統領がどこまで統制を利かせているのか疑問だと指摘する西側のインテリジェンス・リポートは多い。プーチン大統領が現地にいるＧＲＵの動きを十分に把握できていないため、次々に不測の事態が持ち上がっている。マレーシア航空機の撃墜事件はその典型だろう。一種の「不作為責任」とも言うべき罠にはまっているというのである。

## インテリジェンス・コミュニティの組織文化

プーチン大統領の「不作為責任」によって、ＧＲＵ（軍参謀本部諜報総局）がウクライナ東部で関東軍化する傾向にある。そこにはロシアのインテリジェンス・コミュニティが抱える錯綜した内部事情が影を落としている。

ロシア国内の治安を担当するのは内務省（ＭＶＤ）だ。外国のスパイやテロリストのロシア国内への浸透に備えているカウンター・インテリジェンスを担うのはＦＳＢ（連邦保安庁）。海外に情報要員を配置して情報収集にあたる対外インテリジェンス機関はＳＶＲ（対外課報庁）。プーチン大統領は、これら三つの情報機関はきちんと押さえている。だが、国防軍の情報機関であるＧＲＵをがっちりと把握しているとは言い難い。ＧＲＵに関しては、むしろメドヴェージェフ首相が統御していると西側の情報機関は見ているようだ。

ウクライナ情勢をめぐっては、ＳＶＲ（対外課報庁）とＦＳＢ（連邦保安庁）の姿がほとんど見えない。ウクライナ東部に限っては、国防軍とＧＲＵに多くを委ねる形になっている。プーチンが直截するインテリジェンス機関の影が不思議なほど見えない。その要因をロシアのインテリジェンス・コミュニティの実態に即して分析してみよう。

ロシアのインテリジェンス分野には一種の隙間が存在する。ロシアのインテリジェンス・コミュニティも、対外インテリジェンス、対内インテリジェンス、それに軍事インテリジェンスの三つに分かれている。これは世界共通の棲み分けなのだが、問題はＳＶＲとＦＳＢの担当分野なのである。ロシアには「近隣外国」という特異な概念が存在するため、この「近隣外国」をどちらの機関が担うのかをめぐって摩擦が生じてしまう。

「近隣外国」と呼ばれる地域は、旧ソ連邦に所属していた国々である。カウンター・インテリジェンス機関であるFSBは、伝統的に「近隣外国」にあたる旧ソ連邦内を活動エリアにしてきた。このため対外インテリジェンス機関たるSVRと活動分野が微妙に重なっているのである。SVRは旧KGBの第一総局を引き継いだ機関であるため、これらの地域に際立ったステーション（拠点）がない。それゆえ、経験の蓄積も優れた土地勘も持ち合わせていない。

一方のFSBは、外国スパイがソ連邦の域内に浸透するのを防ぐ任務を担っていたため、域内に多くのステーションや人脈も有していた。有力な情報協力者も養ってきた。ソ連邦が崩壊して四半世紀が経つが、旧ソ連邦のテリトリーはいまでも豊富な情報の基盤をあわせ持っている。それゆえ、二つの有力なインテリジェンス機関が競合すれば、かなりの緊張関係が生じる。双方の責任の分担が曖昧ななかでは、情報源の運用も入り組んで齟齬《そご》をきたしてしまう。

この間隙を巧みに衝いて存在感を高めているのが、GRUなのである。しかもGRUはロシア製の兵器を売買する特異な権限を握る、ロシア版「死の商人」である。GRUの公式の活動予算は公表されていないが、それとは別に膨大な裏金を動かしている。兵器には値段があってなきがごときものだからだ。

ロシア国防軍の影なき先鋒部隊として、GRUはウクライナ東部の親ロ派勢力に密かに浸透していった。彼らはそこで兵器売買の取引にも手を染めながら、影響力を増した。武器のブローカーにとって、ウクライナ東部は願ってもない闇市場なのである。そこは、ロシアもウクライナも実効支配できていない空白地帯であり、武器を欲する烈しい戦闘が日常であり、武器工場がそこかしこに点在している。世界の紛争地から武器を求めて闇商人も押し寄せている。これが、ウクライナが「破綻国家」と呼ばれるゆえんとなっている。

## 海洋強国・中国の戦略

二〇一一年夏、対馬海峡から遥か黄海を望む海域では、各国海軍のインテリジェンス・オフィサーたちが新たな空母機動部隊の出現を待ち受けていた。事前の情報では、大連港のドックから艤装《ぎそう》を終えた航空母艦「ヴァリャーグ」(六万七五〇〇トン。その後「遼寧」に改名)が随伴艦を引き連れて外洋に雄姿を現すはずだった。沖縄を襲った台風九号の影響もあって、予定より四日遅れて、八月一〇日、ようやくその巨体を外洋に現した。

翌二〇一二年の中国共産党大会では、従来の陸の大国から海洋強国への脱皮を目指す新しいテーゼが採択された。中国が海洋進出を目指すことを世界に宣言する象徴的存在が、空母「ヴァリャーグ」だった。だが中国は航空母艦をウクライナから密かに買い付けたことに気が引けたのか、すぐには正式な艦名をつけようとはしなかった。ウクライナ海軍から買い付けた時のまま「瓦良格」（ヴァリャーグ）と呼び慣らわされていた。

空母「ヴァリャーグ」の出自はいかにもいかがわしく、その後の運命も数奇なものだった。ソ連崩壊の三年前の一九八八年、「ヴァリャーグ」は黒海に臨むニコライエフ造船廠で建造され、進水した。その後、独立を果たしたウクライナ政府がロシア海軍から譲り受けたのだが、メンテナンスにてこずり、新造空母は岸壁に係留されたまま傾き始めた。

これほど巨大な空母をスクラップにするのは費用がかさむ、と持て余していたウクライナ政府の前に意外な買い主が現れた。

「マカオのカジノ業者だ」

こう名乗る男が差し出したのは「創律集団旅遊娯楽公司」の名刺だった。

「カジノと劇場施設を兼ねた五つ星の船上豪華ホテルとして使いたい」

ウクライナとロシアが長い間所有権争いを続けたいわくつきの空母を、マカオのカジノ会社が二〇〇〇万ドルで買い取った。「ヴァリャーグ」は航空母艦としての機能を殺がれ、東アジアに向けて曳航されていったが、マカオに入港したのではない。

軍港として名高い大連港に姿を見せたのは二〇〇二年三月三日だった。契約書では軍艦として転用することは禁じられていたのだが、「創律集団旅遊娯楽公司」なるカジノ会社は地上から姿を消していた。存在しない会社に契約を遵守する義務はないという訳だ。件《くだん》のカジノ会社の背後には中国人民解放軍の情報機関の影が見え隠れしていた。「ヴァリャーグ」を買い付けるために設立されたダミー会社だったのだろう。総経理として登記されていたのは徐増平。かつて人民解放軍に在籍していたインテリジェンス・オフィサーなのだが、いまも軍と密接な関係にあることは言うまでもない。

「ヴァリャーグ」は中国海軍の艦船を建造する国営企業「大連造船所」に収容され、海軍関係者によって徹底した艦体の調査が行われた。そして二〇〇五年には航空母艦として再び蘇らせる工事が始まった。「カジノ船」として購入された時には、レーダーや戦闘システムなどは取り払われており、航空母艦に必要な装備はすべてを自前で取り付けなければならなかった。このためウクライナの海軍技師たちを招いて、艦載機を離発艦させる技術を初歩から学んでいる。一方で調査団をセヴァストポリに派遣し、当時、ウクライナ海軍が持っていた航空隊の訓練施設で艦載機の発着訓練を視察させている。

二〇〇九年四月には「ヴァリャーグ」は「大連船舶重工集団」の専用ドックに移され、航空母艦としての艤装が施された。これと並行して、中国海軍は艦載機の運用にあたる指揮幕僚の育成にも着手している。空母を外洋に浮かべたいという中国側の意気込みが伝わってくる。

空母「ヴァリャーグ」は、ウクライナ海軍のニコライエフ造船廠から黒海を出て、ボスポラス海峡を通ってアラビア海、インド洋を経て中国の大連港に回航された。この「ヴァリャーグ」の航跡を辿るように、中国政府は沿岸諸国の港湾に巨額の投資を注ぎ込んでいった。一連の港湾群が点々と並ぶ姿は「真珠の首飾り」と呼ばれる。

北アラビア海を扼《やく》するパキスタンのグワダル港では、大がかりな港湾の建設が進められている。この工事を請け負っていたのは、シンガポールに本拠を置く中国系の企業だった。だが、工事が進むにつれて、実際に施工を担っているのは中国政府であることが明らかになる。中国の人民解放軍が中心となって、グワダル港にヒトもカネも技術も惜しみなくつぎ込んでいたのである。

海洋強国を呼号する中国は、はるか北アラビア海からインド洋、さらには南シナ海から東シナ海にかけてのシーレーンを手中に収めようとしている。パキスタンのグワダル港は、中国海軍の機動部隊が将来、北アラビア海からインド洋を影響下に置くための布石なのだ。「中国の真珠」となったグワダル港にいま海洋強国の影が黒々と落ちている。

中国は建国以来絶えて一度も海外に植民地や軍事基地を持つことはなかった。だがグワダル港こそ、新興の軍事大国、中国が国家の舵を切ったことを示す象徴的な存在になろうとしている。

## ウクライナ製兵器の闇

ウクライナの武器市場、その歪んだ鏡に映った中国の素顔——。

イギリスのＳＩＳ（秘密情報部、通称ＭＩ６）のエージェントは、こう言い表した。ウクライナと中国、二つの国は地下水系で密かに結ばれているというのである。

ヨーロッパで有数の兵器大国ウクライナにある武器のマーケットには、素姓の定かでない兵器ブローカーが蠢《うごめ》いている。ウクライナの地下市場で何者かがウクライナ製の巡航ミサイル「Ｘ55」を買い付けていった——こんな極秘情報が西側の情報機関の間で囁《ささや》かれたことがある。アメリカの巡航ミサイル「トマホーク」をそっくりコピーした「Ｘ55」が、やがて中国系の商社を経て北朝鮮にも流れたらしいという情報も出回った。二〇〇五年のことであった。

かつてソビエト連邦の「赤い兵器廠」と言われたウクライナの軍需産業は、航空機だけでなくミサイル製造技術も分離して受け継いだ。それだけに、アメリカのＣＩＡ、イギリスのＳＩＳ、イスラエルのモサド、ロシアのＳＶＲは、競ってこの獲物の行方を追っていた。ウクライナ製の最新兵器がどの強権国家や国際テロ組織に流れているのか。彼らにとっては最重要の監視対象なのである。

だが、超一級のインテリジェンスは、地下水脈から簡単には浸みださない。堅い岩盤に亀裂が走った時にうっすらと漏れ出してくる。その一瞬は政変を機に訪れる。ウクライナでは、親ロ派の政権が倒れて、親欧米派の政権が誕生した「オレンジ革命」がそれだった。巡航ミサイルの密輸という、国家機密のインテリジェンスが外国の情報機関の手に渡ったのがまさしくこの時であった。親西欧派がウクライナの政権の中枢に就くと、闇の世界にわずかながら光が差し込むようになった。オレンジ革命の中心人物の一人が、見事なブロンドを三つ編みに巻きあげた「美しすぎる宰相」ユーリヤ・ティモシェンコだった。彼女と連携しながら検事総長は、武器市場の魑魅魍魎《ちみもうりょう》に乗り込んでいったのである。

「マカオから来たカジノ業者」は、ウクライナ国籍を持つ武器ブローカーの手引きでウクライナ国防省の要人と密かに接触し、空母の売却話を持ちかけた。ウクライナから中国に渡ったとされる巡航ミサイルもまた、武器の闇市場と闇の兵器ブローカーを介して密輸されていった。空母も巡航ミサイルの売却も、その商談ルートには、必ずといっていいほど死の商人の影がちらつき、偽装の手口を演出している。

新興の大国、中国は、経済力にモノを言わせて、ウクライナの軍需産業から次々に最新鋭の武器を調達してきた。ウクライナはいま、中国を格好の商談相手に仕立て鵺《ぬえ》のように立ちまわっている。そこには親欧米派も親ロ派もいない。闇取引を通じて巨額の利益を懐にする死の商人の貌《かお》が覗いているだけだ。

ウクライナ情勢の混迷がめぐりめぐって東アジア情勢にもどれほどの影響をもたらすか。ひいては日本の安全保障にとってどのような危険を及ぼしているのか。

カジノ空母と巡航ミサイル「X55」の密輸劇は、永く平穏を享受してきたニッポンに無言の警告を発している。

# III

# インテリジェンス機関が読み解く国際事件

## マレーシア航空機撃墜の謎

前章では、「二一世紀の火薬庫」と形容されるウクライナを取り上げ、インテリジェンスの視点から「鵺《ぬえ》のような国」を多角的に読み解いてきた。ユーラシア平原に位置するこの特異な国は、ロシアやポーランドなどの国々に囲まれ、欧州の穀倉地帯にして有力な兵器廠《へいきしょう》を擁している。同時に、西部国境地帯は反ロ感情が燃え盛るウクライナ・ナショナリズムの策源地であり、東部国境地帯は親ロシア感情に染めあげられた分離派の根拠地である。それゆえウクライナは、時にモスクワに傾き、時に西欧に惹きつけられ、振り子のように揺れ動いてきた。

事件は、ウクライナ東部の親ロ派の支配地域の上空で起きた。二〇一四年七月一七日、オランダのスキポール空港を発ったマレーシア航空機がクアラルンプール国際空港に向けて航行中、ウクライナ東部で突如墜落し、乗員・乗客合わせて二九八人が犠牲になった。

常の航空機事故なら、当該国の捜査機関が墜落現場に駆け付け、内外のメディアも取材に訪れ、順次、墜落の真相が明らかになっていく。だが、マレーシア航空機墜落のケースは現場が烈しい戦闘が繰り返されているドネツク州であったため、ウクライナの捜査当局は容易に踏み込めなかった。真相解明の手立ては著しく制限されていた。こうした点から、マレーシア航空機の事件はインテリジェンスが挑むべき恰好の対象といえよう。

インテリジェンスが挑む標的は二つ、「シークレット」と「ミステリー」である。譬《たと》えてみれば、「シークレット」とは、独裁のベールに包まれた権力の奥深くで生起している出来事であり、現在進行形の事象だ。一方「ミステリー」とは、独裁者がいままさに打とうとしている新たな布石であり、近未来に生起する事象である。

**インテリジェンス機関が標的国に確かなヒューミント、すなわち情報要員によるインテリジェンスを持っていれば、最高度の国家機密である「シークレット」は摑むことができる。**たとえば、北朝鮮の独裁体制の中枢にヒューミントを配していれば、金正恩政権が長距離ミサイルに装着可能なウラン濃縮型の核弾頭をすでに完成させているか否かを突き止めることはできるだろう。「シークレット」は暴くことができる。

一方、優れたヒューミントを標的国に忍ばせていても、独裁者の決断という胸の内を確実に予測することはかなわない。最高司令官たる金正恩軍事委員会第一委員長が長距離ミサイルの発射実験に踏み切るかどうかは、近未来の領域に属する。本人すら定かではないかもしれない。それゆえ「ミステリー」なのである。**インテリジェンス機関は、厚いベールに覆われ、現在進行形の機密たる「シークレット」と近未来に生起する事象である「ミステリー」を二つながら対象にしている。**

マレーシア航空機の飛行ルート

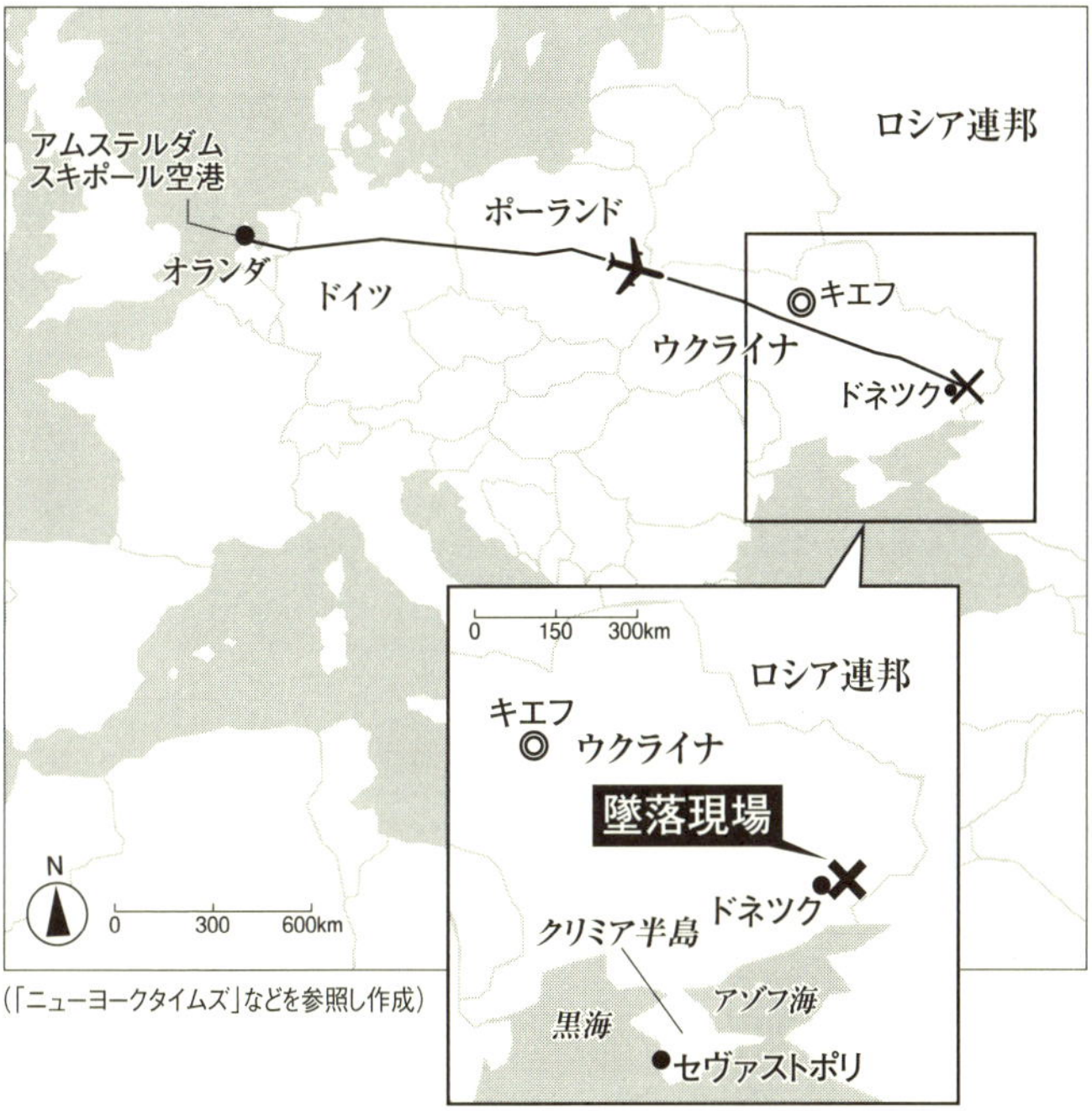


(「ニューヨークタイムズ」などを参照し作成)

マレーシア航空機の墜落事件が起きた当時、ウクライナ政府の実効支配は東部の親ロ派支配地域には及んでいなかった。ウクライナ国軍や航空管制当局は、親ロ派の武装勢力が地対空ミサイルを保有しているか否かも把握しておらず、近未来に起きるかもしれない悲劇を予測することはかなわなかった。そして何より、航空機の墜落事件が現実のものになっても、現場で十分な調査を実施して悲劇の真相に迫ることすらできなかった。

マレーシア航空機の墜落事件は、関係国のインテリジェンス機関にとって、その情報力が問われるケースとなった。そして、関係国の政治指導部は、自国が摑んだインテリジェンスを使って情報戦を戦うことになったのである。

## ウクライナ対ロシアの情報戦

インテリジェンス・ウォーの先陣を切ったのは、治安を預かるウクライナ内務省の顧問、アントン・ゲラシチェンコだった。

「親ロシア派部隊が発射した地対空ミサイルによってマレーシア航空機は撃ち落とされたものとみられる」

ウクライナの情報組織である保安庁は、ゲラシチェンコ発言を裏書きするように、親ロシア派の武装勢力が「航空機を撃墜した」とロシア軍の幹部に報告する交信記録を傍受した事実を明らかにした。通信の傍受記録を入手するインテリジェンス活動「**シギント**」を有力な証拠として切ってみせた。

追い打ちをかけるように、撃墜に関与したとみられる地対空ミサイル「ブーク」が分解され、大型トレーラーに載せられて国境を越え、ロシア領に戻っていく場面を撮影した映像も公表している。マレーシア航空機が墜落した翌七月一八日のことであり、ウクライナ側は迅速な情報戦を仕掛けて国際世論を味方につけようと動いたのである。

常の情報戦なら、ロシア側はただちに反撃を試みるところだが、ロシアの外務、国防両省、それにインテリジェンス機関は皆、不気味なほどに沈黙を守り抜いていた。ロシアの当局者が〝完黙〟を解く情報戦の舞台に選んだのは、モスクワのニュース番組「日曜特集」だった。ロシアで最も権威があるとされるニュース番組『ブレーミャ』にロシアの音声学者を登場させた。そしてウクライナ側が公表した傍受記録の「奇妙さ」を衝いてみせた。

「盗聴された音声なるものは、巧みにつなぎ合わされた合成だ」

音声学者にウクライナ側の証拠のいかがわしさを主張させたのだった。

さらにロシア側は、件の「ブーク・ミサイル・システム」の移動映像にも矛先を向けた。ブーク・ミサイルの背景に映っている看板広告に注意を喚起して、事件が起きたドネツク州ではあるが、同州西部のウクライナ政府の管轄地域で映したものだと反論した。ウクライナ側の公式発表なるものは信憑性に欠けるとする情報戦を仕掛けて反転攻勢を試みたのだった。

しかし、ロシア政府の側には「西側諸国に説明を尽くして理解を得る」という姿勢が全く見えなかった。もっぱらロシア国民に的を絞って「正義は我にあり」と訴える意図が明白だった。情報戦の定石とは異なり、意図的に戦域をロシア国内に限っている節がはっきりと読み取れた。

その結果、ロシアは国際社会からは囂々《ごうごう》たる批判を浴びたものの、プーチン政権はこれまでにない高支持率を維持し続けている。国際的な危機に遭遇して、ロシア国内では愛国的な心情が異常なまでに高揚し、プーチン支持となって表れたのだろう。

ウクライナというロシアの「聖域」に国際社会が手を突っ込んできた――。

プーチン大統領はロシア国民にこう訴えて、その深層心理に浸透し、国民の心を鷲づかみにしてしまったのだ。

## インテリジェンス・ウォーに勝ち抜くには

「国家は嘘をつく」

有事に際しては、国家は生き残りのために誠心誠意、嘘をつく。

アメリカのブッシュ政権をイラク戦争に誘い込む、一つのきっかけになったのは、亡命イラク人技術者がドイツの情報機関に持ち込んだガセネタだった。

「サダム・フセインのイラク政府は、極秘裏に化学兵器の開発に手を染めている」

この耳寄りな情報はまずドイツの情報機関を欺き、アメリカの情報機関との間でキャッチ・ボールを繰り返しているうちに、次第に肥え太っていった。その果てに「ブッシュのアメリカ」を対イラク攻撃に駆り立てていった。

だが、当のイラクのフセイン政権の側にも重大な読み違えがあった。イラクが大量破壊兵器を持っていると思わせておけば、よもやアメリカ軍も攻撃を思いとどまるだろう——こう考えて、化学兵器の保有を敢えて否定しなかったのである。イラクという国家が生き残りのために嘘をついた典型例だ。

今回のマレーシア航空機の撃墜事件では、アメリカのオバマ政権は手堅い対応をみせた。事件の翌七月一八日に出した最初の「大統領声明」がそれを裏付けている。

「確かなエビデンス（証拠）によれば、親ロ派の支配地域から発射されたミサイルによってマレーシア航空機は撃ち落とされた」

アメリカのインテリジェンス・コミュニティは、イラク戦争の大義名分となった大量破壊兵器が戦後もついに見つからず、彼らの情報が誤っていたと責められてきた。アメリカ政府部内の各インテリジェンス機関は、国家情報長官を介して、ホワイトハウスで毎日欠かさず大統領への「インテリジェンス・ブリーフィング」（DPB）を行っている。イラク戦争時の苦い教訓もあって、大統領にいかなる情報を上げるか、その事実関係を慎重に吟味している。

国家安全保障問題を担当する大統領補佐官は、情報機関の報告を踏まえて、「ここまでなら大統領に断言させても大丈夫」という線を固めていく。今回は「親ロ派の支配地域から発射されたミサイルによって」と表現するのにとどめている。情報収集衛星などで確認し、発射地域は親ロ派の支配地域と断じたものの、どのようにして地対空ミサイルが運び込まれ、誰が発射ボタンを押したかは断定を控えている。

一般的な可能性を挙げれば、「親ロ派が撃った」、「ロシア軍の指導のもとに親ロ派兵士が撃った」、「親ロ派のように見せかけてロシアのミサイル部隊が撃った」の三つになる。アメリカ側としては、あえて断定を避けることで、メディアを三番目の可能性にも誘導したかったのかもしれない。だが声明ではあくまで確認された事実の範囲内に踏みとどまっている。インテリジェンスの戦いで優位に立つには、事実をゆるがせにせず、あくまで合理性の枠内でゲームを戦うことが肝要なのである。

一方のロシア側はどのようにしてメディアを誘導しようと試みたのだろうか。ロシア国防省の会見では、マレーシア航空機の横をウクライナ空軍の戦闘機スホーイが飛んでいたことを何度も強調してみせている。親ロシア派は事件の前日も、ウクライナ空軍のスホーイ戦闘機を撃墜していると指摘した。ウクライナ国防軍は、親ロ派の部隊にウクライナ空軍のスホーイ戦闘機を再び狙わせ、マレーシア航空機を誤って攻撃させるように仕向けたのだ――そんな筋書きにメディアを引き寄せようとしている。

その一方でプーチン大統領は「ウクライナ側がミサイルを撃った」とは一切言わなかった。ロシア側も、ウクライナ東部の親ロ派の支配地域で通信の傍受記録の入手、つまり「シギント」の収集を積極的に行っていた。それだけに親ロ派の部隊が誤って地対空ミサイルをマレーシア航空機に向けて発射してしまった可能性が高いと冷静に見ていたのだろう。だが、苛烈な情報戦にあっては不都合な真実を自ら明かす者などいない。ここはひたすら時間稼ぎに徹している。これが強国の間で戦われる「ゲームのルール」なのである。

プーチン大統領は慎重な物言いに終始した。

「恐ろしい悲劇の責任は、それが起こった国の側にある」

プーチン大統領自身は、このラインに自らの発言をぴたりと収めている。そして、ロシア国内向けの世論とメディア工作はもっぱら国防省に委ねたのだった。国際政治の教科書通りの冷徹な対応を見せたのである。

## 大韓航空機撃墜事件から学ぶ教訓

歴史は繰り返さない。大事件に遭遇した際、過去の類似例に逃げ込んで、クライシス・マネージメントのシナリオを練っても失敗する。たとえ同じような出来事に見えても、時代背景や取り巻く環境が異なるからだ。

だが**インテリジェンス感覚を日ごろから研ぎ澄ませておけば、過去の出来事から未来に対処するエッセンスを取り出すことはできる**はずだ。歴史は繰り返さないが、過去は知恵の源泉となる。

旅客機が軍用機や迎撃ミサイルで撃ち落とされた時、当事国はどのように振る舞うべきか。マレーシア航空機の撃墜事件に対処するにあたって、貴重な事例は大韓航空機撃墜事件であろう。

米ソ冷戦が厳しさを増していた一九八三年九月、稚内沖で悲劇は起きた。ニューヨークを発ってアンカレッジ経由でソウルに向かっていた大韓航空機は、なぜかサハリン沖のソ連領空に迷い込んでいった。おそらくは慣性航法装置の不具合やパイロットの操作ミスであろうとされている。

大韓航空機の飛行ルート

（"The Crash of Korean Air Lines Flight007"〈アサフ・デガニ著、2004年、NASA〉
等を参照に作成）

ソ連の防空司令部は、スホーイ攻撃機にスクランブル発進を命じた。スホーイ攻撃機が大韓航空機をミサイル発射の射程に収めると、パイロットは防空司令部に「撃っていいか」と許可を求めた。司令部からは「撃ってよし」の指示が出た。この交信記録が後に決め手となった。そしてミサイルが発射され、大韓航空機は、乗員・乗客もろとも北の海に墜落していった。今回のマレーシア航空機の場合と同じように全員が死亡する悲劇となった。

厳しい東西冷戦のさなかであったため、ソ連指導部は撃墜の事実をすぐには認めようとしなかった。真相を解明する決め手となるブラックボックスを求めて、米・ソ・日の艦艇が入り乱れ、北の海で壮絶な回収劇が繰り広げられた。実は、問題のブラックボックスは、墜落後ほどなくソ連が回収していたのだが、ソ連当局は核心の情報は握ったまま手札をさらすようなことはしていない。事実が明らかになったのは、ソ連が崩壊した後のことだ。**真相の解明は体制の転換なくしてありえない――これもインテリジェンスの鉄則である。**

ソ連当局は、大韓航空機を撃墜したのは自分たちではないと事実を否定してみせた。ところが、そうした主張を突き崩す決定的なエビデンスを日本政府は入手していた。米ソの冷たい戦争の主戦場で、日本の防衛当局が大きな役割を果たした稀な例だった。

三沢の陸上自衛隊の電波傍受の別働隊が、稚内にも駐在している。ソ連軍と対峙する最前線で、その動向を探るためだ。陸上自衛隊の調査部第二課別室。通称「調別」といわれ、電波傍受をもっぱら受け持つ「コミント」のインテリジェンス部隊である。彼らはロシア軍が交わす通信の周波数帯を完璧に押さえていた。「撃ってよし」という指令をクリアな音質で傍受し、テープに収録していたのである。

日本が独自に入手した貴重な機密情報。それは防衛庁を経て内閣官房長官、内閣総理大臣にもすぐさま伝えられるべき最高のインテリジェンスであった。時の官房長官は「カミソリ」の異名で畏れられた後藤田正晴。総理は「不沈空母」発言の中曽根康弘だった。

ところが、この機密のテープは、稚内に駐留していたアメリカ軍の電波解析部隊にも同時に差し出されていた。調別という組織は、もともと在日米軍の施設を自衛隊が引き継いだという経緯もあり、アメリカ軍の情報将校が雑居する形をとっていた。アメリカ側は当然のようにインテリジェンスを吸い上げていたのである。

この決定的な「証拠」は、稚内のアメリカ軍からロナルド・レーガン大統領に上げられていった。そしてレーガン大統領は、国連安保理の場でソ連邦を追い詰める動かぬ証拠として使うよう、ジーン・カークパトリック国連大使に命じたのだった。対ソ強硬派で知られる冷戦の女戦士カークパトリックは、国連安全保障理事会で傍受テープに英語とロシア語のテロップをつけたビデオを公開し、ソ連の国連大使に撃墜を認めるよう迫っている。同時にレーガン大統領自身もテレビを通じて全世界に向けてソ連邦の非道を訴え、クレムリンを追い詰めたのだった。

日本が独自に入手した最高の機密情報が、なぜ自分の許しもなくアメリカ政府の手に渡されたのか――後藤田官房長官は激怒した。

「日本はれっきとした主権国家であり、日本政府の了解なくして勝手に公表するとは何事であるか」

後藤田官房長官の行動は素早かった。アメリカ側が機密テープを公表するわずか三〇分前、官房長官は急きょ記者会見に臨んで、一足早い公表に踏み切ったのだった。

この撃墜事件をめぐる対ソ情報戦では西側同盟に凱歌があがったようにみえる。しかし、その後のインテリジェンス戦争で日本が蒙った被害は甚大だった。ソ連側は日本に交信を傍受されていた事実に衝撃を受け、すべての周波数帯を変えてしまったからだ。日本側は、それから数年、ソ連の周波数を突き止めるために膨大なエネルギーを費やさなければならなかった。

今回のマレーシア航空機事件では、欧米側はウクライナ国軍を督励して、ブラックボックスの入手を優先させ、ミサイル攻撃が誰の手によって行われたのか、解析を試みた。真相解明の決め手とされたブラックボックスはオランダ政府の管轄下に置かれ、イギリスの専門機関に送られて詳しい分析が進められた。

国際調査を主導するオランダ安全委員会は、事件から一年が経った二〇一五年七月、マレーシア機は親ロシア派によって撃墜されたと断定する「報告書案」をまとめた。撃墜に使われたのはロシアの地対空ミサイル「ブーク」で、親ロシア派が制圧していた村から発射されたと指摘している。一方、責任の一端はマレーシア航空にもあるとの見解を示した。同航空は他国が航空機に対して発令していた注意情報を参照しておらず、他の航空会社が迂回していた紛争地帯のことを知らずに問題の地域の上空を飛行したと結論づけている。

## 情報大国オランダ

オランダのスキポール空港から飛び立ち、ウクライナ上空で撃墜されたマレーシア航空機には、一九三人のオランダ人乗客が搭乗していた。オランダのルッテ首相は、親ロ派を背後から支えるロシアのプーチン大統領に激しく噛みついた。

だが、ロシアとオランダの関係は、この事件が端緒となって悪化したのではない。二〇一三年、オランダ第三の都市ハーグに勤務するロシア外交官が、児童虐待の容疑で当局に拘束されたのがきっかけだった。罪状は児童買春。オランダでは殺人罪に次ぐ重い罪である。しかし外交官にはウィーン条約で不可侵権が認められている。このためプーチン大統領は即座にオランダ政府を非難し謝罪を要求した。オランダ政府もウィーン条約に反していたことは認め、翌日、謝罪に応じている。

その数日後、事件はモスクワに飛び火する。在モスクワ・オランダ大使館に勤務する公使の自宅に電気工事を装った男が押し入って暴行を働いた。公使邸の壁に性的マイノリティ、ゲイであることを表す「ＬＧＢＴ」という文字を殴り書きして逃走したのである。こうした報復合戦もあって、オランダとロシアの間には、陰湿な対立が続いていた、まさしくそのさなかにマレーシア航空機の撃墜事件が持ちあがったのである。

オランダのような中規模国家は、米ロのように巨大な情報機関を持つことはできない。しかし、だからといってオランダを情報小国と決めつけるわけにはいかない。この国は、自らの国力に応じて、知恵を尽くしたインテリジェンス活動を行ってきたからだ。イスラエルとの連携こそ、彼らのインテリジェンスを強力なものとしている。

一九六七年、第三次中東戦争が起きると、イスラエルはソ連と国交を断絶した。このとき、ソ連はイスラエル政府の利益代表を買って出たのがオランダ政府だった。ソ連邦はオランダ政府を介してイスラエルと様々な折衝を重ねてきたのである。一九八〇年代の後半からは、各国のオランダ大使館にオランダ国籍のパスポートを持ったイスラエルの秘密組織「ナティーブ」（ヘブライ語で「逆」を意味する）の情報要員が常駐するようになった。この「ナティーブ」こそ、冷戦の時代にソ連・東欧圏からユダヤ人をイスラエルに出国させる活動に従事した名うての秘密組織だった。

モスクワのカラーシュニー通りには、日本大使館、その隣にエストニア大使館、さらにオランダ大使館と建ち並んでいた。ソ連崩壊が迫った一九八八年から一九八九年にかけては、このオランダ大使館の前におびただしいユダヤ人の列ができた。父祖の地、イスラエルへの出国を求める人々であった。この脱出劇にオランダがいかに重要な役割を担っていたかが窺えよう。

このような経緯からオランダは、ロシア国内に広がるユダヤ人ネットワークを介して、独自のロシア情報網を持っている。中規模国家のなかには、時折、独自の情報網と人脈を背景に、無視できない存在感を示す国がある。マレーシア航空機の撃墜事件で、オランダが北の大国ロシアと互角に渡り合っているのは、こうしたインテリジェンスの蓄積のゆえなのである。

## ウクライナのインテリジェンス・コミュニティ

ウクライナには二一世紀の国際政局の活断層が走っている――。

そう指摘されるのには、十分な理由がある。この国がNATO（北大西洋条約機構）とロシアの境界線に位置し、二つの引力の間で微妙に揺れ動いているからに他ならない。ウクライナのインテリジェンス・コミュニティもまた東西の狭間でその素顔を窺わせない。

ウクライナの情報機関は、錯綜した国内情勢を映して、外側から覗き込む程度ではその実態は容易に摑めない。米ソ冷戦の終結後も、ウクライナの指導部はモスクワと緊密な関係を保っていた。このためインテリジェンス機関もまた旧ソ連の情報機関と同じ地下茎で繫がっていた。だが「オレンジ革命」で政権が親欧米派に転じると、ウクライナの情報・治安機関も変わらざるを得なかった。その後、再び親ロ派政権が誕生して揺り戻しが来ると、また微妙に位相が変化する。

こうしたウクライナの情報・治安機関のいまを読み解くキーパーソンが、オレクサンドル・トゥルチノフだ。日本でいえば国会に当たる最高会議の議長を務める有力政治家である。ヤヌコーヴィチ政権の崩壊後、トゥルチノフ議長は大統領代行に選出された。そのまま大統領の座を目指すと見られていたが、二〇一四年五月に行われた大統領選挙には結局出馬しなかった。

彼は「オレンジ革命」で出現した親欧米派のユシチェンコ政権で、半年だけ保安庁の長官を務めている。保安庁こそ、この国のインテリジェンス・コミュニティの中核であり、ウクライナの秘密警察機関でもある。従来は旧ＫＧＢ（ソ連国家保安委員会）系の職員が主要なポストを占めていたが、長官となったトゥルチノフは旧ＫＧＢ系の幹部をすべて追放し、アメリカのＣＩＡ（アメリカ中央情報局）との連携を強めた。保安庁の人事でも親欧米路線を貫いたのである。短期間であったが、ウクライナのインテリジェンス・コミュニティを刷新した中興の祖といえる。ウクライナの情報機関は、アメリカのＣＩＡやイギリスのＳＩＳ（秘密情報部、通称ＭＩ６）と良好な関係にあり、治安・警察機関の上層部は旧ソ連以来の旧ＫＧＢ人脈とは切れているとみていい。

ウクライナ東部で続いている戦闘でも、マレーシア航空機の撃墜事件でも、欧米の情報機関はウクライナの情報機関と緊密に連携して、機微に触れるインテリジェンスを入手していると思われる。だがその一方で、情報機関の内情に通じた旧ＫＧＢ系の残党が親ロ派の支配地域に吸い寄せられて、モスクワの触覚に取り込まれている可能性がある。

## 米独のインテリジェンス戦争

ウクライナ情勢が緊迫化し、マレーシア航空機の撃墜事件が起きた二〇一四年七月、緊密な同盟関係にあったドイツとアメリカの間で前代未聞のインテリジェンス戦争が勃発した。

「ベルリン駐在アメリカ大使館の諜報機関責任者にドイツを出国するよう命令した」

ドイツ宰相府の広報官が突如記者会見でこう明らかにしたのだった。

それに先立ってドイツ国防省の職員が、アメリカへの情報漏洩の容疑で家宅捜索を受けている。さらにその一週間前には、ドイツの連邦情報局（ＢＮＤ）の職員も逮捕された。彼らはドイツ軍の戦略上の機密を入手し、国会議員の政治活動を密かに探り、アメリカのＣＩＡに流していた事実が相次いで発覚した。これら一連の情報活動を操っていたのが在ベルリン・アメリカ大使館を拠点とするCIAのベルリン支局長だったのである。

**同盟関係にある国を標的に本格的なスパイ活動は仕掛けない――。これはインテリジェンス界の暗黙の掟だ。**確かに友好国にも時にスパイ活動を仕掛け、それが発覚してしまうことはある。だがそんな場合も、事を荒立てないように裏でそっと処理する。これもまたこの世界の暗黙のルールなのである。

その点で、二〇一四年にベルリンを舞台に持ちあがった一連の出来事は異例ずくめだった。アメリカの情報機関が、同盟国に対してかかる諜報行為までしているとドイツ政府は公表した。そのうえでベルリンのCIA支局長を国外に放逐する措置をとったことを明らかにした。こうした事態を招いては、ドイツとアメリカの情報機関は、友邦の協力関係にあるとは言い難いだろう。

冷戦期にあっては、東西両陣営が二つのブロックに分かれて、静かに対峙していた。それゆえ「冷たい戦争」と呼ばれたのだった。ヨーロッパでは、両陣営が膨大な地上軍と核兵器の刃を互いに突きつけて向き合っていたのだが、そこにもまた暗黙のルールが貫かれていた。すべてを水面下で処理し、両陣営の熱戦に転化させない。ジョン・ル・カレの『寒い国から帰ってきたスパイ』（ハヤカワNV文庫）は、そんな冷戦の素顔をリアルに写し取って、いまも畢生《ひっせい》の名作として読み継がれている。

一方、いまわれわれの眼前で繰り広げられている事態は、ほとんど剝き出しの「熱い戦争」といっていい。かつての西側同盟の盟主、アメリカのもとに、イギリス、ドイツ、日本が固く結束して、東側同盟に臨む姿は過去の風景となりつつある。

厳密にいえば、冷戦期にあっても西側同盟のインテリジェンス・システムには微妙な亀裂は生じていた。アメリカと英連邦諸国は、電波・通信の共同傍受システム「エシュロン」を通じて固い絆で結ばれていた。だが、ドイツや日本は傍受の基地を提供していながら、情報の分け前には与《あずか》っていなかったのである。

アメリカの情報機関が同盟国ドイツとの関係を悪くしてまで探りたい機密情報とは、何だったのか。メルケルのドイツがプーチンのロシアと人知れず密やかなやり取りを交わしているという疑念に、アメリカは憑りつかれている。米国が与り知らないところで、クリミアの併合を黙認し、ウクライナを一種の緩衝国家にする密約を交わしているのではないか――。それはまさしくアメリカの悪夢であった。

前年の二〇一三年には、アメリカのNSA（国家安全保障局）が、ドイツのメルケル首相が政党との連絡に使っている携帯電話を盗聴している事実が暴露された。ロシアに亡命した元CIA職員、エドワード・スノーデンの告発によるものだ。厳格な保秘装置が施されている宰相府提供の携帯電話は傍受を免れていたのだが、衝撃的な事実は米独関係を揺さぶっている。

イラク戦争の開戦前夜、ドイツのシュレーダー社民党政権は、「ブッシュの戦争」に頑強に抵抗し、当時のアメリカ政府を怒らせた。だがその時でさえ、両国の情報機関の関係はいまほど悪くはなかった。ワシントンとベルリンの関係は、新たな危険水域に入り始めているのかもしれない。

## メルケルへの暗い疑念

ドイツ連邦共和国の女性宰相、アンゲラ・メルケルが辿った人生は、ドイツが歩んできた戦後政治の足跡とぴたりと重なる。彼女はナチス・ドイツが崩壊して九年が経った一九五四年七月一七日に当時の西ドイツの港町ハンブルクで生まれた。キリスト教民主同盟の党首であるメルケル首相は「旧東ドイツの出身」だと記述されることが多い。彼女の父親はプロテスタントの牧師だった。東西ドイツが対立していた冷戦時代に、プロテスタントであるドイツ福音主義教会の牧師の家に生まれたことには特別の意味があった。父親は教会の人事異動で少女アンゲラを伴って東ドイツに移り住んだのだった。

一九六〇年代末までは、福音派の教会は、東西ドイツにまたがる統一の組織だった。だが、その後、福音主義教会の組織は東西ドイツの二つに分かれ、互いの人事交流がかなわなくなってしまった。西ドイツから来た牧師のメルケル一家は、東ドイツに留まるか、西ドイツに帰るか、選択を迫られた。結局、メルケル一家は東ドイツに永住することを決意したのだった。

メルケル一家は、東ドイツの政治体制を進んで選んだのである。東ドイツの政治体制に比較的好意的な感情を抱いていたからだといわれる。アンゲラは牧師の娘でありながら、自由ドイツ青年団に入って活動し、政治への第一歩を踏み出している。アンゲラ・メルケルは、ロシア語も堪能で、東ドイツの政治体制にかなり近い地点にいたのである。

一九八九年にベルリンの壁が崩壊し、東西ドイツが統一された後、メルケルはドイツのキリスト教民主同盟に入って、保守陣営の政治家となった。メルケルは本当に東側の価値観を捨て去ったのか――欧米の情報機関はいまだに疑いを緩めていない。

当のメルケル首相は、そうした疑念を掻き立てるような発言をすることがある。メディアのインタビューに応じて、富の公平な配分の重要性を唱え、社会主義的な政策を必ずしも悪とは考えていないと述べて憚《はばか》らない。

ヴェルサイユ講和条約で再軍備に厳しい制約を課されていた戦間期のドイツは、ソ連邦とラッパロ条約を密かに結び、ソ連邦領内に軍需工場を建設し、再軍備に向けて動き出していた。西側世界では、いまもベルリンとモスクワのデモーニッシュな間柄に疑いの目を向けがちだ。

だが、いうまでもなく、メルケル首相は名実ともにEUのリーダーにしてNATO同盟の牽引役である。西側諸国との連携に心を砕いて、ウクライナで親ロ派を支えるロシアと対峙している。

だが、そんなメルケル首相に向ける西側のインテリジェンス機関の眼差しから刺々しさは依然として消えていない。

## クレムリンの真意は何処に

ドイツのメルケル政権は、これまでの対ロ・インテリジェンスの蓄積を生かして、ウクライナ問題でロシアのプーチン政権の出方を慎重に窺っている。アメリカに安易に同調して対ロ経済制裁に同調してしまえば、ドイツの国益を損ないかねないと考えているからだろう。

日本の安倍政権もまた、アメリカがEU諸国や日本を誘って打ち出す対ロ経済制裁の影響を見極めようとしている。日本は一周半歩遅れで制裁カードを切ってきた。クリミアの併合にかかわるロシア政府の要人などの人的往来を制限し、クリミアへの投資を禁じるなど、実質的にダメージの少ない分野を選んで欧米に追随する姿勢をとってきた。

日本としては、北方領土問題を前進させるためには、ロシアのプーチン大統領を二〇一五年中に日本に何としても招きたいと考えていたからだ。厳しい対ロ経済制裁に同調すれば、プーチン訪日は遠のいてしまう。一方で、ロシアの経済制裁に動かなければ、アメリカ政府の不興を買ってしまう。現にオバマ政権は、日本の対応を西側同盟の結束を乱すとして苛立ちを隠さない。オバマ政権が不満を募らせれば、プーチン政権の安倍政権への評価は高くなる。日本の対ロシア戦略は深いジレンマのなかにある。

二〇一四年八月六日、ロシアのプーチン大統領は、マレーシア航空機の撃墜事件で経済制裁を発動した国々への報復措置として「大統領令第五六〇号」を発動した。対ロ制裁を打ち出した国々からの食品や農産物の輸入を禁じるという内容だった。制裁対象国は、アメリカ、EU、カナダ、オーストラリア、ノルウェーだった。当初は日本も対象に含まれていたのだが、最終的にはリストから除外された。この時点では、対日関係を悪化させることを望まなかったのだろう。

日本政府は当初、ロシアによるクリミア半島の併合を強く批判してみせた。だが、外務省のホームページはその後、クリミア半島の「併合」と鍵括弧をつけて表現し、いわゆる「併合」で、ほんとうの併合ではないというニュアンスを持たせ、ロシア側の主張にも配慮する姿勢を示した。ウクライナ政府には、他国の領土を非合法に自国領に組み入れる併合と断じておきながら、ロシア政府には「併合」と説明してみせた。一種の二枚舌外交である。

日本として、クレムリンに宥和的なシグナルを送って、プーチン訪日の余地を残したのだろう。

外交の現場で使われる微妙な言い回しを仔細に読み解けば、当事国の微妙なスタンスが透けて見えてくる。

# Ⅳ

# 歴史で読み解く<br>インテリジェンス

## 危機の年

東西冷戦の終結から四半世紀が経った二〇一四年三月、ロシアのウラジーミル・プーチン大統領は、ウクライナからクリミア半島を奪って併合した――。後世の歴史家はこの出来事を「現代史の転換点」と記述することになるだろう。ロシアのクリミア併合を機にヨーロッパの風景はそれまでとは全く異なるものになってしまったからだ。

変転極まりない情勢のなかで近未来の姿を誤りなく言い当てたい――。インテリジェンスを学ぶ者なら、誰しもそう願う。情報感覚を研ぎ澄ませて、迫りくる危機を精緻に予測し、対応策を準備しておきたいと考える。

確かにインテリジェンスとは近未来に生起する出来事を見通す業なのだが、インテリジェンス・オフィサーなら誰でも忍び寄るクライシスをぴたりと予見できるわけではない。とはいえ、われわれは歴史のなかにひっそりと埋もれている手がかりを見つけ出し、近未来を言い当てようと日々研鑽を重ねている。

これまでの章でウクライナを「二一世紀の火薬庫」と見立てて、その現状を俯瞰してみた。その結果、ウクライナには危険な活断層が幾重にも走っていることが見てとれた。本章ではこの国を覆っている危機の構造をいまいちど読み解いてみたい。インテリジェンスという名の探照灯を携えて歴史の杜《もり》に分け入っていこう。

二〇世紀の中部ヨーロッパには全世界的な規模の戦争を誘発しかねない地雷がそこかしこに埋め込まれていた。ウクライナからポーランド、そしてチェコスロヴァキアに至る一帯こそ国際政局のクライシス・ゾーンだったのである。

ヒトラーのナチス・ドイツとムッソリーニのイタリアのファシズム勢力は、中部ヨーロッパを挟んでイギリスやフランスと鋭く対峙していた。これにスターリン率いる全体主義国家、ソ連邦が絡んで、隙あらば牙を剥こうと列強が睨み合っていたのだった。

緊迫した情勢のもと、ナチス・ドイツのヒトラー総統（フューラー）、イタリアのムッソリーニ統帥《とうすい》（ドゥーチェ）、イギリスのチェンバレン首相、フランスのダラディエ首相は、南ドイツの都市ミュンヘンで一堂に会した。一九三八年九月のことだった。

ミュンヘン会談に乗り込んだドイツの独裁者ヒトラーは、国境を接するチェコスロヴァキアのズデーテン地方を割譲するよう公然と要求した。これが第二次世界大戦のはじまりを告げる序曲となった。一九三八年が「危機の年」として現代史に刻まれているゆえんだ。

チェコスロヴァキアは、中部ヨーロッパの小国ながら、傑出した軍需産業を育んできた工業国家だった。それゆえ、ヨーロッパの覇者の座を狙うヒトラーにとっては何としても手に入れ

## 世界大戦をめぐる略年表（欧州を中心に）

| | | |
|---|---|---|
| 1914年 | 7月 | 第一次世界大戦勃発 |
| 1916年 | 5月 | 英・仏・露間でサイクス・ピコ条約締結、オスマン・トルコ帝国の分割 |
| 1918年 | 3月 | ブレスト・リトフスク条約 |
| | 11月 | 第一次世界大戦終結 |
| 1919年 | 6月 | ヴェルサイユ条約 |
| 1938年 | 9月 | 独ヒトラー、伊ムッソリーニ、英チェンバレン、仏ダラディエによるミュンヘン会談 |
| 1939年 | 8月 | 独ソ不可侵条約 |
| | 9月 | 第二次世界大戦勃発（独・ソ、ポーランド侵攻） |
| 1941年 | 6月 | ドイツ、ソ連侵攻（バルバロッサ作戦） |
| 1942年 | 6月 | ドイツを中心とした枢軸軍、スターリングラードでソ連と攻防戦 |
| 1943年 | 2月 | 枢軸軍、ソ連に降伏。スターリングラード攻防戦終結 |
| 1944年 | 6月 | 連合軍、ノルマンディ上陸作戦 |
| 1945年 | 2月 | 米英ソ三国の首脳によるヤルタ会談 |
| | 9月 | 第二次世界大戦終結 |

ておきたい戦略上の要衝だった。

「これが最後の領土要求である」

英仏の両首脳は、ヒトラーの約束を信じ、ナチス・ドイツの要求を呑んでしまう。かくしてミュンヘン協定が調印された。これを受けてナチス・ドイツ軍は戦車を先頭に押し立てて、ドイツ系住民が多く住むズデーテン地方に進駐していく。やがてこの国はチェコとスロヴァキアに分割され、ヒトラーは国土の半ばを瞬く間に呑み込んでしまった。第一次世界大戦でオーストリア＝ハンガリー帝国が敗れて崩壊すると、チェコスロヴァキアは悲願の独立を果たしたのだが、わずか二〇年で地図上から再び姿を消したのである。

ミュンヘン会談で宥和策を講じたイギリスのチェンバレン首相は、戦争の危機を遠ざけた指導者として歓呼の声でロンドンに迎えられた。しかし、「これが最後の領土要求である」という独裁者の誓いはその場凌ぎにすぎなかったことが日を経ずして明らかになる。

## 現代史の目撃者ケナン

現代史の証人として決定的瞬間に立ち会った人物がいる。後にアメリカの対ソ戦略の立案者として知られるようになるジョージ・ケナンである。ハンガリー生まれの歴史家、ジョン・ル

## チェコスロヴァキア併合の過程

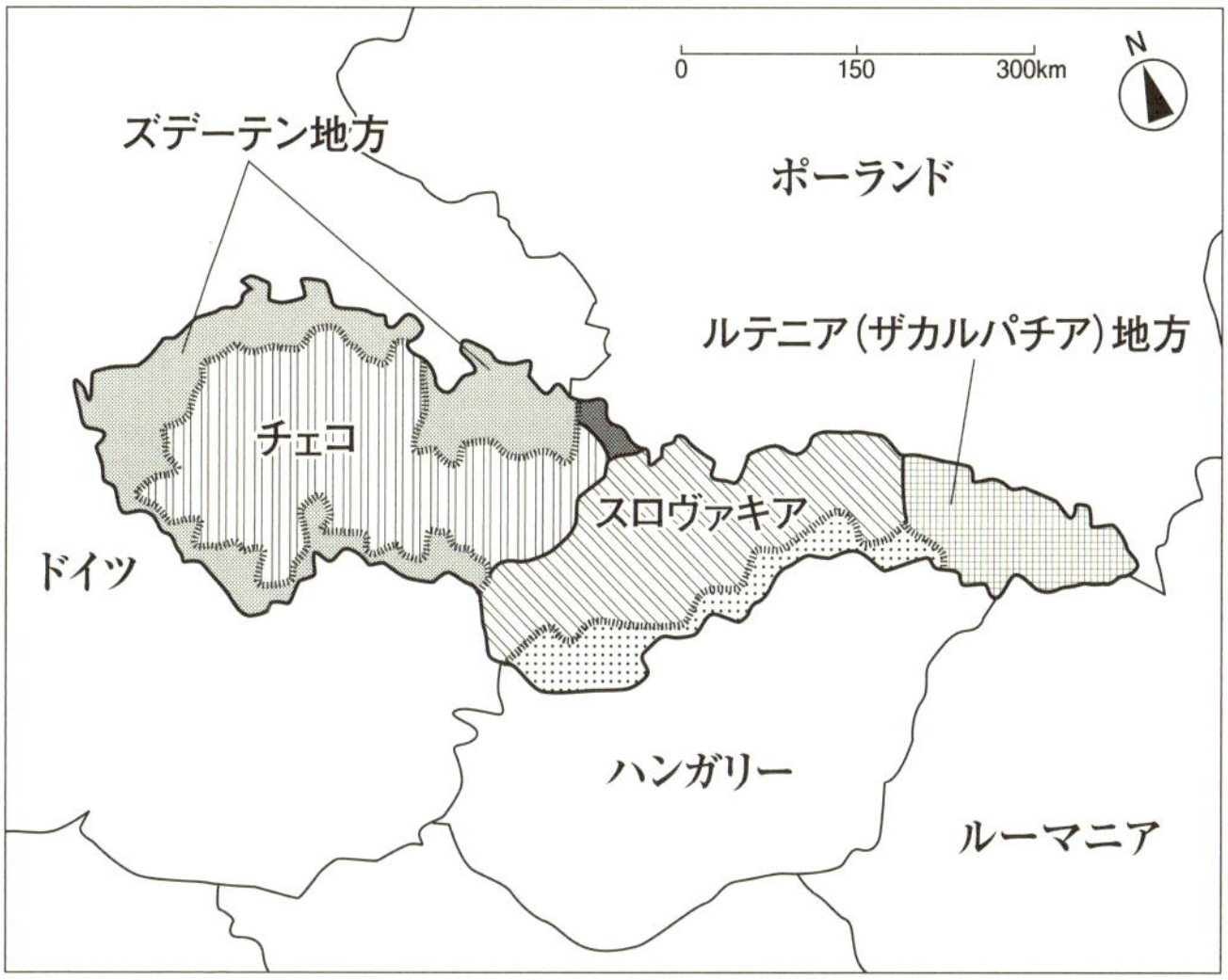


ミュンヘン協定後、ドイツ領
ミュンヘン協定後、ハンガリー領
ミュンヘン協定後のチェコスロヴァキア国境線
1939年3月、ハンガリー領
1939年3月、スロヴァキア領
ミュンヘン協定後、ポーランド領
1939年3月、ドイツの保護領

（『欧州の国際関係 1919-1946』
〈大井孝著、たちばな出版〉
517頁の図版などを参照に作成）

カーチは『評伝　ジョージ・ケナン　対ソ「封じ込め」の提唱者』（法政大学出版局）で、ミュンヘン会談の当日にチェコスロヴァキアの首都プラハに赴任した外交官ケナンの横顔をいきいきと描き出している。

若くしてアメリカ外交界にロシア専門家ケナンありと謂われた彼は、国務省のロシア・デスクからプラハのアメリカ公使館に赴任した。ケナン一等書記官がパリからの最後の定期便となった民間航空機でプラハの空港に到着したのは奇しくも一九三八年九月二九日、ミュンヘン会談の当日だった。パリのル・ブルジェ空港には、会談に乗り込もうとしていたダラディエ首相の政府特別機が待機していたという。

ヒトラーは途方もない誤りを犯そうとしている――。ミュンヘン会談の観察者だったケナンは、約束をいともたやすく破り捨て、翌年三月にはチェコに機甲師団を進駐させたヒトラーの振る舞いをこう断じている。

ナチス・ドイツの独裁者は、この国からズデーテン地方を割譲させることで、チェコスロヴァキアをおおむね手中にした。にもかかわらず、敢えてすべてを強奪してみせ、西側世界を決定的に敵陣営に押しやってしまった――とケナンの慧眼は見抜いていた。

「ミュンヘン協定を破棄したヒトラーは、西側諸国の信頼を最後の一片まで打ち砕いてしまった」

ケナンは日記に第二次世界大戦の足音が近づいていると記している。

稀代の外交官はいかにして錯綜する国際政局を読み解いていたのだろうか。優れたインテリジェンス・オフィサーはほぼ例外なく資料の山にだけ埋もれているのを潔《いさぎよ》しとしない。努めて現場を歩き回り、めまぐるしく移ろう眼前の情勢に立ち向かおうとする。プラハ在勤時代のジョージ・ケナンもまた、チェコスロヴァキアの首都プラハから遠く隔たった僻遠の地、ザカルパチア地方を踏査している。そして、カルパチア山脈の一帯に暮らすウクライナ系の住民の存在に注目し、彼の地に伏流するウクライナ・ナショナリズムの錯綜した一面を探って、精緻な現地報告をものしたのだった。

## 密やかなシグナルを探る

ミュンヘン会談から半年が過ぎ、中部ヨーロッパには軍靴の音がいよいよ高まっていた。ケナンが読んだように、世界は新たな大戦に一歩また一歩と近づきつつあった。暗雲が全欧州に低く垂れこめる一九三九年三月、ヒトラーは一つの決断を下している。「ルテニア」とも呼ばれるザカルパチア地方を、ナチス・ドイツの同盟国にしてチェコスロヴァキアの隣国ハンガリーの領土に組み入れてしまった。歴史家ルカーチは、ケナンの評伝のなかで、このザカルパチアの帰属こそ、その後の欧州情勢を占う重要な判断材料だったと指摘している。

「カルパチアン・ウクライナのハンガリーへの帰属は、たとえそれが一時的なものであったにせよ、ヒトラーがソ連に対抗する武器としてウクライナ民族主義を助長する考えを断念したことを意味した」

ジョージ・ケナンは、カルパチアの山岳地帯を丹念に歩くことで、この地に暮らすルシン人ともザカルパチア・ウクライナ人とも呼ばれる住民は、反スロヴァキア、親チェコの感情を抱き、一方で反ウクライナ、親ロシアの感情を抱く、実に厄介な人々であることを見て取っていた。ウクライナのナショナリストは、「民族統一」という原則で、ザカルパチア地域の併合を熱望していた。

ヒトラーは、ドイツの東方侵攻にあたってウクライナのナショナリズムを煽りたてた。ドイツは、ウクライナ人に対してソ連から分離した独立ウクライナ国家の創設を支援すると約束した。スターリンは、ドイツがウクライナ・ナショナリズム・カードを本気で用いた場合、ロシア人とウクライナ人が全面対決する深刻な事態に発展すると懸念していた。

一九三九年三月、チェコスロヴァキア国家の解体にあたって、ヒトラーは、ザカルパチアをスロヴァキアから切り離して、ハンガリーに与えた。ザカルパチアを併合して「民族統一」を実現したいというウクライナ・ナショナリストの要請を却下した。これを見て、スターリンは、ドイツがウクライナ・ナショナリズムが内に秘めた力をよくわかっていないと胸をなでおろしたはずだ。外交官ケナンはこの機微を見落さなかった。

ザカルパチアの処理は、ヒトラーとスターリンが密かに歩み寄っている証左ではないのか――。

研ぎ澄まされたケナンのインテリジェンス感覚はそう囁いていた。ケナンは「ザカルパチアの帰属」のなかに埋め込まれていた、来るべき変事の予兆を見逃さなかった。

それから約半年後の一九三九年八月二三日、ドイツのヒトラー総統は、クレムリンの暴君、スターリン書記長と「独ソ不可侵条約」を結んだ。その陰で「秘密議定書」を取り交わし、独ソの間に拡がるポーランドという獲物を真っ二つに引き裂いて互いの領域に組み込む密約を取り交わした。

二人の独裁者が独ソ不可侵条約という「悪魔の盟約」を結んだ――世界を揺るがした臨時ニュースに接しても、ジョージ・ケナンは「さほど驚かなかった」と回想録に記している。両巨頭の密やかな接近の予感をザカルパチアのハンガリー併合に見て取っていたからだ。だがその一方で「独ソ不可侵条約の締結を言い当てていた訳ではない」と謙虚に認めている。

「ヒトラーの途方もない誤り」と断じたケナンの見通しは、ほどなくヨーロッパの全面戦争という形で現実となる。独ソの「悪魔の盟約」からわずか九日後の九月一日、ナチス・ドイツ軍の機甲師団はポーランドの西部国境に襲いかかった。この事態を受けて、英仏両国政府は九月三日、ドイツに宣戦を布告する。こうして第二次世界大戦が幕を開けた。

ドイツのポーランド侵攻から一六日後の九月一七日、スターリンの命を受けた赤軍が東部国境から瀕死のポーランドに襲いかかった。獲物は虎とシベリア狼によって食いちぎられ、ポーランド共和国は勇戦虚しくわずか三週間で崩壊した。

ソ連邦が周辺の地域一帯に伏流するナショナリズム感情を操りながら、社会主義陣営を鉄の支配で統御していくことがいかに難しい業なのか。ジョージ・ケナンは、カルパチアの山岳地帯に暮していたウクライナ系住民の動向から多くを探り出していた。第二次世界大戦が終わって米ソ冷戦の幕が上がると、ジョージ・ケナンは勤務地のモスクワから長文の公電をアメリカの首都ワシントンに送った。そして「対ソ封じ込め戦略」を提唱することで戦後アメリカの対ソ政策に大きな影響を与えたのだった。

**現地の情勢をおのが眼でじかに確かめ、歴史の襞《ひだ》に分け入って、変化の予兆を探り当てる。そこには鍛え抜かれたインテリジェンスのセンスが脈打っている。**

## ウクライナ・ナショナリズムの策源地

ヒトラーのナチス・ドイツとスターリンのソ連によって、真っ二つに引き裂かれたポーランドの南東部に位置していた東ガリツィア地方ほど数奇な運命を辿った地はないだろう。その歴史は幾重にも絡まった糸を思わせるものだった。

東ガリツィア地方は、第一次世界大戦以前はオーストリア・ハンガリー帝国の版図に属していた。大戦後のヴェルサイユ講和会議で、現地の人々はウクライナ民族が独自の国家を樹立する好機とみて様々に国家樹立を試みたのだが、遂にかなわなかった。結局、東ガリツィア一帯は、独立を果たしたポーランド共和国領に組み入れられてしまった。だが、そこに居住する人々の多くは、ポーランド語ではなく、ウクライナ語を母語とするウクライナ人であった。その民族的なアイデンティティは言うまでもなくウクライナにこそあった。

しかも東ガリツィアの住民の多くが依拠していたのは、ウクライナ正教の教会ではなく、東方典礼カトリック教会であった。ミサなどの典礼はウクライナ正教に従っているが、その教会組織は、ローマ法王を戴くローマ・カトリック教会に属していた。下級の神父は妻帯を許され、独自色の強い教会組織だった。

ナチス・ドイツ軍のポーランド侵攻によって、東ガリツィア地方はナチス・ドイツの支配下に組み入れられた。ポーランドからの離脱を願っていた東ガリツィアのウクライナ人たちのなかには、この機会を捉えてウクライナ国家の樹立を目指そうとする一群がいた。ナチス・ドイツの占領に進んで協力し、なかにはナチス親衛隊の手先としてユダヤ人狩りに手を貸す者までいたという。

東ガリツィアに暮らすウクライナ人こそ、ポーランドとロシアの双方に反感を抱き、ウクライナ・ナショナリズムを色濃く体現した人々だった。激しく揺れ動くヨーロッパ情勢のなかで、ウクライナ民族としての運命を弄ばれながら、内なるナショナリズムの灯を秘かに燃やし続けていたのである。

ヒトラーが率いるナチス・ドイツは、一九四一年六月二二日、独ソの不可侵条約を破り棄て、機甲師団の精鋭を駆って対ソ国境を侵した。バルバロッサ作戦の発動である。不意を衝かれたスターリンの赤軍は総崩れとなった。四ヵ月後の一九四一年一一月にはナチス・ドイツ軍はウクライナ全土を掌握し、欧州の一大穀倉地帯はヒトラーの手に落ちたのだった。ナチス・ドイツの継戦能力は、ウクライナから徴発した小麦などの食糧とオストアルバイターと呼ばれるウクライナ人の労働力によって支えられた。

だがナチス・ドイツ軍の攻勢は、ロシアの冬将軍に阻まれて永くは続かなかった。一九四三年二月、ナチス・ドイツ軍はスターリングラード攻防戦で赤軍に敗れ、やがて東ガリツィア地方も赤軍に制圧された。

第二次世界大戦が終結すると、東ガリツィアは、ソ連邦下のウクライナ共和国に組み入れら

ガリツィア地方周辺図（1919年頃）

（『隣人が敵国人になる日』〈野村真理著、人文書院〉101頁の地図などを参照に作成）

れてしまう。第二次世界大戦の後、東ヨーロッパに支配圏を拡げたスターリンは、安んじて、東ガリツィアとザカルパチアを統合したのだった。ウクライナ・ナショナリズムを封じ込める自信を漲《みなぎ》らせていた。

東ガリツィア地方は、二〇世紀に入って、オーストリア・ハンガリー帝国、ポーランド共和国、ナチス・ドイツの第三帝国、ソ連邦、そして真正の独立を果たしたウクライナと実に五度にわたって属する国家を変えてきたことになる。

そしていま、東部の戦闘で親ロ派の攻勢が激しくなるほど、ガリツィア地方では東方典礼カトリック教徒（ユニエイト）の結束が強まり、反ロ感情がますます燃え盛ってくる。中心都市リヴィウの市場では、プーチン大統領の顔をプリントしたトイレット・ペーパーが店頭に並び、ヒトラーの禁書『マインカンプ（我が闘争）』の新装版が売られている。街の広場では少年少女が黄色と水色のウクライナ国旗を掲げて、東部戦線で逝った若い兵士を悼む合唱を響かせている。東部国境地帯で行われている戦闘は、ウクライナの民族感情を刺激して危険な沸点に近づけているのである。

ところが、東ガリツィアの山岳地帯ザカルパチアに限ってみれば、チェコスロヴァキアからハンガリーを経て冷戦下のウクライナ共和国に編入されるという異なる道を歩んでいる。ジョージ・ケナンが、独ソ接近の予兆を読み取ったカルパチア山脈のザカルパチア・ウクライナ一帯は、東ガリツィアと一括りで扱われることを喜ばない。別々の現代史を歩んだ平野部とカルパチア山岳地帯では、相互に不信感は消えていない。ウクライナ西部に位置しながら、ガリツィアのウクライナ人とザカルパチアのウクライナ人（ルシン人）の自己意識は大きく異なっている。現在もルシン人はウクライナよりもロシアに好感を持っている。この地には想像を絶するほどの陰影が刻まれているのである。

現在の東ガリツィアに刻み込まれた歴史に対する洞察は、ウクライナ情勢をめぐるロシアのプーチン大統領の対応を読み解く鍵となる。

## 錯綜する同盟の落とし穴

二〇一四年は、第一次世界大戦の開戦からちょうど一〇〇年目にあたる節目の年だった。**人類を見舞った未曾有の災厄となった最初の世界大戦の意味を考えるという営みは、インテリジェンスの文法を身につけ、ひいては自分なりのインテリジェンスの文体を磨くことにつながる。**

いまから一〇〇年前、オーストリア皇太子夫妻がセルビアの愛国青年に暗殺された。オーストリア・ハンガリー帝国がセルビアに宣戦布告する。これに連動して、わずか一週間のうちに、ロシア、ドイツ、フランス、イギリスというヨーロッパの名だたる列強が入り乱れて参戦し、欧州大陸を真っ二つに切り裂く大戦に発展していった。

その複雑さのゆえに、世界戦争を終わらせるメカニズムは少しも作動せず、二〇〇〇万人ともいわれる犠牲者を出してしまった。

実に奇妙な戦争であった。当時の帝政ロシアにとっては、帝政ドイツと戦わなければならない理由は全く見当らなかった。偶発的に始まった世界大戦には、本質的な危うさが埋め込まれていた。どうすればこの大戦を終わらせられるのか。どの国の、どんな指導者も、終戦の手立てがわからなくなっていた。全局面を統御する者が誰もいないまま幕を開けた偶発戦争は、これ以上ないほどの悲劇的様相で終幕を迎えたのだった。イギリスなどを除けば、ヨーロッパに君臨してきた王室はあらかた地上から姿を消してしまった。

第一次世界大戦を外交というプリズムを通して論じた著作が、ヘンリー・キッシンジャーの『外交』（原題《DIPLOMACY》）である。キッシンジャー博士は政治哲学者であり、外交世界のプレーヤーでもあった。彼は、冷戦期を通じてアメリカ共和党政権の国家安全保障担当大統領補佐官や国務長官を務め、米中の接近劇や中東和平交渉を担った。この著作では第一次世界大戦の本質に真っ向から挑んで、広範な分析を試みている。

とりわけ同盟についての考察は秀逸だ。キッシンジャーは「第一次世界大戦は各国が同盟条約を破ったからではなく、各国が同盟条約を忠実に守ったために始まったのである」と喝破している。このくだりは『外交』のなかの白眉といっていい。なぜ、明確な対立がないにもかかわらず、戦争をしなければならなかったのか。それを読み解くキーワードを、キッシンジャーは「同盟」に求めた。

当時のヨーロッパには同盟条約が蜘蛛の糸のように張りめぐらされていた。ロシアがドイツに宣戦を告げざるを得なくなったのはまさにその故だった。これに加えて、様々な秘密外交が繰り広げられ、ヨーロッパを意味なき戦争に駆り立てていった。

第一次世界大戦から読み取るべき最大の教訓は、「同盟関係とはいかに恐ろしいか」であった。第一次世界大戦当時は、国連という国際システムを欠くなかで、同盟関係が複雑に張りめぐらされていたことが致命傷となった。それゆえに、列強がひとたび対立を深めれば、結局、戦争に訴えるしか事態を解決できなかった。

同盟は、本来、戦争に訴えようとする国を威嚇し、抑止する力として働くはずだった。ところが、戦争抑止の型としてデザインされていたはずの同盟が、列強を戦争に駆り立てる役割を果たしてしまったのだ。潜在的な脅威に備えて、A国とB国が同盟を組んだとする。どんな指導者もリスクを冒して戦争をしたいとは思わない。本来は戦争を抑止するためのアライアンスのはずだった。ところが、込み入った国際政治の舞台では、この同盟関係が足枷になって、逆に外交の選択肢が狭められ、縛られ、ついには連鎖的に戦争に引きずり込まれてしまう。

こういった事態が現実に起こりうることを、キッシンジャーは第一次世界大戦を例に明らかにしてみせた。戦争の抑止力としての同盟が持つもう一つの側面を浮き彫りにし、同盟というシステムが内に秘めた危うさを見事に論じている。

# V

# 歴史の教訓

## 「欧州の天地は複雑怪奇なり」

前章では、ウクライナ西部の国境線を跨《また》いで暮らすウクライナ系住民とウクライナ東部一帯に暮らすロシア系住民が、それぞれの胸底に燃やし続けてきた民族感情が現代史を突き動かし、ウクライナの政局を混迷させる重要なファクターとなってきたことを見てきた。

ニッポンがヨーロッパから遥か離れた、常の東アジアの国家であったなら、ウクライナの両端に渦巻くナショナリズムの存在を知っておく必要などないかもしれない。カルパチア山岳地帯の民族感情など「歴史のトリビア」としての屑箱に放り投げてもいいはずだ。しかしながら、ニッポンという国は、二つの世界大戦を通じて欧米列強と肩を並べ、戦後も世界屈指の通商国家として国際政治に少なからぬ影響を及ぼしてきた。国際社会は経済的な一大パワーだとみなしている。それゆえにヨーロッパの動乱の局外に身を置くことができようはずがない。

イギリスという海洋国家は、SIS（秘密情報部、通称MI6）、王立国際戦略研究所、BBC（英国放送協会）などを擁して、世界の隅々で生起する出来事に耳を欹《そばだ》てている。イギリスの国力がそのインテリジェンス・パワーに深く依拠していることを知り抜いているからだろう。

戦後の日本も「メイド・イン・ジャパン」の自動車やハイテク製品が、カリブの島々から西アフリカの奥地にまで溢れている。ブエノスアイレスで起きた債務不履行もアテネの財政破綻にも注意を怠ってはならない。だが、日本の指導部からは、グローバルな時代を生きる緊張感がさほど伝わってこない。ウクライナ危機をめぐってロシアが中国に傾けば、東アジアの国際政局に無視できない影響を及ぼすのだが、現地からは日本のリーダーたちを動かすようなインテリジェンスは数えるばかりだ。

「危機の年」と呼ばれた一九三八年から翌三九年にかけて、一級のインテリジェンスは東京に届かなかった。「情報の鎖国」こそ、この国の癒しがたい病弊だった。第二次世界大戦に向かって世界が坂道を転がり落ちるなかで、日本の指導部は、揺れ動く欧州情勢に対応できなかった。

ヒトラーとスターリンが「独ソ不可侵条約」を締結した一九三九年八月二三日、ヨーロッパ発の緊急特電はアジアにも伝えられ、日本の指導部を震撼させた。情報の奇襲を受けた内閣も、軍部も、外交当局も、恐怖にも似た衝撃を受けて立ち竦んだ。独ソの接近を窺わせるようなインテリジェンスをその片鱗も摑んでいなかったからだ。チェコスロヴァキアの首都プラハに在って「悪魔の盟約」を伝える緊急電に「少しも驚かなかった」というジョージ・ケナンと見事な対比をなしていた。

平沼騏《き》一郎《いちろう》総理大臣は「欧州の天地は複雑怪奇なり」と政権をあっさりと投げ出してしま

う。帝国陸軍に代表される日本の指導部は、北のソ連邦を主敵とみなしていた。そして欧州の強国、ナチス・ドイツを最も信頼する友邦と見立てていた。だが、あろうことか、最大の主敵と至高の友邦が「悪魔の盟約」を結んでしまったのである。

当時の日本は自らを五大強国の一つと位置付けて、欧州の主要都市の大使館や公使館を配していた。同時に陸海軍もそれぞれに駐在武官事務所を構えて、膨大な機密費を使って情報の収集にあたっていた。だが、外務省の在外公館も、陸海軍の出先も、国家の触覚としての責務を果たせず、欧州政局の奥深くで密かに進んでいた独ソの接近を察知することができなかった。良質なインテリジェンスを持たずに、優れた戦略的思考など生まれようはずもない。

独ソ不可侵条約という激震に見舞われた日本の指導部は迷走につぐ迷走を重ねていくことになる。日本外交を委ねられた松岡洋右《ようすけ》外相は、ベルリンに勇躍乗り込み、日独伊三国軍事同盟に調印、歓呼の声に迎えられて意気揚々と帰国する。翌年の一九四一年三月、ドイツとイタリアを歴訪した際、松岡はモスクワに立ち寄り、日ソ中立条約を締結している。

日独伊三国軍事同盟は、その後の日本の運命を決めた。英米両陣営との対立が決定的なものになったのである。一九四一年一二月八日、日本の連合艦隊は、北太平洋を長駆して真珠湾のアメリカ太平洋艦隊の基地を奇襲した。

「ワレ遂ニ勝利セリ」

イギリスのウィンストン・チャーチル首相は、日本の真珠湾奇襲の一報に接してそう叫んだという。ニッポンをしてアメリカを攻撃させ、アメリカを対独戦に参戦させることこそ、祖国イギリスを敗北から救う唯一の道だと稀代の戦略家は確信していたのである。

翌年に始まるスターリングラード攻防戦では、日本の同盟国ナチス・ドイツが決定的な敗北を喫することになる。日独伊三国軍事同盟こそ日本を破局に誘《いざな》った盟約だった。

## 極秘公電の諫言

ヨーロッパに張りめぐらされていた日本のインテリジェンス・ネットワークは、国際政局の鼓動を精緻に捉えることができなかった。ドイツの首都ベルリンに在った大島浩大使から発出された公電は、ナチス・ドイツに思うさま操られていたことを物語っている。一方で、英米両国の政治指導者にとっては、「大島公電」はヒトラーの胸の内を知る超一級のインテリジェンスだった。イギリスの情報当局は、日本が使っていた「パープル暗号」の解読に成功し、そのことごとくを傍受していた。日本政府部内でも「最高度であるべき暗号システムが解かれているおそれがある」という指摘は出ていたのだが、日本政府は「パープル暗号」を依然として使い続けたのだった。そのなかで、ごく少数であったが、欧州の地に在って貴重なインテリジェ

**第二次世界大戦をめぐる略年表（日本を中心に）**

| | | |
|---|---|---|
| 1931年 | 9月 | 満洲事変 |
| 1937年 | 7月 | 日中戦争 |
| 1939年 | 5月 | 日本・満洲、ソ連・モンゴル軍が旧満洲国国境付近で衝突。ノモンハン事件勃発 |
| | 8月 | ヒトラーとスターリン、独ソ不可侵条約締結 |
| | 9月 | 第二次世界大戦勃発（独・ソ、ポーランド侵攻） |
| 1940年 | 9月 | 日独伊三国軍事同盟条約締結 |
| 1941年 | 4月 | 日ソ中立条約締結 |
| | 12月 | 日本、真珠湾攻撃 |
| 1942年 | 6月 | ミッドウェー海戦 |
| 1945年 | 2月 | 米英ソ三国の首脳によるヤルタ会談 |
| | 8月 | 米、広島に原爆投下 |
| | | ソ連軍、南樺太・千島列島および満洲国・朝鮮半島に侵攻 |
| | | 米、長崎に原爆投下 |
| | | 日本、ポツダム宣言受諾 |

ンスを日本の統帥部に打電していた逸材がいた。その一人が、バルト三国の一つ、リトアニアの暫定首都カウナスに在勤していた杉原千畝《ちうね》・領事代理だった。

一九三九年五月、ノモンハン事件が勃発する。満洲国とモンゴルの国境地帯に広がる草原で関東軍とソ連赤軍が衝突した。日本の国境守備隊は赤軍の精鋭部隊に襲われて手痛い敗北を喫したのである。日本陸軍の上層部は、ナチス・ドイツ軍がソ連を攻撃することに期待していた。欧州の地で独ソ戦が起きれば、ソ満国境で受けていた赤軍の圧力は減じると期待したからだ。日本陸軍の強い意向もあって、ロシア情勢の優れたオブザーバーだった杉原千畝をリトアニアに赴任させ、独ソの動向を探らせようとしたのであった。

杉原千畝もまた自ら前線を踏査するインテリジェンス・オフィサーだった。リトアニアの対独国境地帯をピクニックを装って視察した。ドイツの機甲師団の精鋭は続々と国境付近に集結している模様が見て取れた。杉原千畝が、ポーランドなどから逃れてきた六〇〇〇人のユダヤ難民に発給した「命のビザ」の見返りに築き上げた「ユダヤ・コネクション」。そこからもたらされる一級のインテリジェンスもまた「独ソ戦近し」という杉原の判断を裏付けるものであった。杉原千畝はこれらの情勢を総合的に判断して、独ソの「悪魔の盟約」はかりそめにすぎず、独ソ両軍は遠からず戦端を開くとする「極秘電」を日本に打電していた。

いま一人のインテリジェンス・オフィサーは、中立国スウェーデンの首都ストックホルムの陸軍駐在武官、小野寺信少将であった。その選り抜かれた情報源から、ドイツ軍によるバルバロッサ作戦が早晩行き詰まることを精緻に見通して誤らなかった。

「日米開戦不可ナリ」「日米開戦不可ナリ」

小野寺信少将はこう本国に警告し続けていたのである。

だが帝国陸軍を中心とした当時の統帥部は、杉原千畝や小野寺信の情勢報告には耳を傾けようとしなかった。彼らのインテリジェンス・リポートがダイヤモンドのような輝きを放ったものであっても、国家の舵とりを委ねられた指導者たちがその価値を悟って、国家の針路を定めるために用いなければ、第一級の公電も単なる紙屑にすぎないことを物語っている。

## ヤルタの密約

戦後の日本の運命を決める重要会談が、クリミア半島の保養地ヤルタで開かれた。第二次世界大戦が終幕に近づきつつあった一九四五年二月のことだ。米英ソの三首脳が一堂に会して、戦後世界の秩序について話し合った。

ロシア皇帝アレクサンドル二世が皇后マリアの願いを容れて建設された瀟洒《しょうしゃ》な宮殿は、黒海を一望する高台に建っている。濃い緑の糸杉に囲まれて建つ美しい白亜の館だ。

このリバディア離宮を舞台に敗戦国と小国の運命が決められていった。戦後世界の新たな秩序をめぐって、三大戦勝国としてアメリカ、イギリス、ロシアの三首脳は、持てる力と知恵の限りを尽くして外交交渉を繰り広げる。

ヤルタ会談の最大の難所はポーランドであった。そしてポーランドの扱いが、ウクライナをはじめとする近隣諸国の将来を決めていった。イギリスの戦時宰相ウィンストン・チャーチルにとって、ポーランドこそ未曾有の世界大戦を戦うイギリスの大義そのものだった。ナチス・ドイツ軍のポーランド侵攻こそ、イギリスがフランスと共に対独宣戦布告に踏み切るきっかけであった。自由ポーランドの旗を掲げる亡命政権をロンドンに迎え入れ、彼らの祖国復帰をかなえることにはイギリスの威信がかかっていた。

それゆえ、チャーチルは、ポーランドをスターリンの手に委ねるわけにはいかないと譲ろうとしなかった。だが、スターリンはひとたび摑み取った獲物を容易に手放そうとしない。二人の首脳は、互いの面子を賭けて烈しくやりあった。

一九三九年八月に独ソ間で交わされた「秘密議定書」によって、ポーランドの西半分はドイツ領に、ポーランドの東半分はソ連領に組み入れられた。ウクライナは、ソ連邦の一共和国ではあったが、ポーランド領だった東ガリツィア地方をおのが領域に併合する好機がようやく訪れたのだった。ウクライナ系住民が大多数を占める東ガリツィアの中心都市リヴィウ一帯をスターリンはこの時初めて支配下に置くことになった。

ポーランドのクラコフと並んで、「オーストリア・ハンガリー帝国の二つの美しい街」といわれたリヴィウは、ソ連邦、ナチス・ドイツと支配者をめまぐるしく変えながら、いまやヤルタ会談で大国同士の取引にその運命が委ねられようとしていた。

敗戦国ドイツの領土が真っ先に犠牲に供せられた。第三帝国の首都ベルリンに程近いオーデル・ナイセ川を新たな対独国境と定め、東側に広がる旧ドイツ領を新たにポーランド領として編入することが決められた。同時にポーランドの東側は大きく削られてソ連邦に組み入れられる妥協が図られた。現在のポーランド領土は、ヤルタ会談でイギリス・アメリカ・ロシアが、交渉力の限りを尽くして折衝した産物だった。

ヤルタ会談がどれほどの激変を欧州の地にもたらしたかは、「一九三八年の地図」と「二〇一五年の地図」を較べてみれば一目瞭然だろう（次頁地図参照）。前者の地図には、チェコスロヴァキアは独立国として描かれている。そしてウクライナはソビエト連邦を構成する共和国であった。これを後者の地図と重ね合わせてみると、ポーランド、チェコ、スロヴァキア、それにソ連邦から分離・独立を果たしたウクライナの領域も、そして国家のありようも、七七年の歳月を経て驚くほどの変貌を遂げたことが見て取れる。

チェコとスロヴァキアは、ナチス・ドイツの侵攻で二つに引き裂かれ、第二次世界大戦後に

ヨーロッパ地図(1938年)

ヨーロッパ地図(2015年)

統合を果たしたものの、冷戦後には再び分かれて独立した国家となった。ウクライナも複雑な経緯を辿って冷戦後に旧ソ連邦から分離した。一方、第二次世界大戦が勃発する引き金となったポーランドは、その領土は大きく西に移動させられ、東部国境地帯はウクライナ領に組み入れられてしまったことがわかる。

かくも錯綜したヨーロッパの現代史を踏まえながら、現下のウクライナ情勢を読み解くことは、遥か極東に位置するニッポンにとっては知的格闘技とでもいうべき営為なのかもしれない。だが高く聳《そび》え立つ高峰を超えなければ、事態の本質は浮かび上がってこない。

## 歴史の教訓、ノモンハン戦争

現下のウクライナ情勢を巨視的に眺めてみれば、やがて東アジア情勢に迫りくる影響は無視できまい。第二次世界大戦の「隠された前奏曲」となったノモンハン事件は、ヨーロッパ情勢とアジア情勢が水面下で連動していることを物語る歴史の教訓である。正確には「ノモンハン戦争」と呼ぶべき歴史的事件を、ヨーロッパ情勢との関連を視野に入れていま一度精緻に検証してみたい。

一九三九年五月、日ソ両軍の衝突は、旧満洲国とモンゴルの国境付近で勃発した。事件の発生当初は、双方の国境警備部隊の間に生じた常の小競り合いのように映った。だが、その後の展開を見れば、第二次世界大戦の戦局にも重大な影響を及ぼしかねない戦いだったことがわかる。

「ノモンハン戦争」に至るプロセス、前線で戦われた戦闘状況の把握、統帥部の指揮と作戦能力、戦争終結に至る外交交渉——。

国家のインテリジェンスに携わる者にとっては、そのいずれもが格好の「歴史の教訓」だ。熾烈な国際情勢のなかで国家が生き残るために、インテリジェンスがどれほど重要な武器となるか。アジアの大草原で起きた地上戦は比類なき簡潔さで物語っている。

**「ノモンハン戦争」こそ、インテリジェンスを学ぶ者にとって、超一級の素材に溢れた教科書なのである。**

ノモンハン事件は、日・満・蒙・ソの間で戦われた「限定戦争」だ——。第二次世界大戦に至る前史では、従来、そうした見方が支配的だった。だが、これに異を唱えたのが、イギリスの現代史家、アントニー・ビーヴァーである。

「第二次世界大戦は、満洲から始まって満洲で終わった」

ビーヴァーはこう断じて、極東戦域での戦いはやがて欧州戦域に連動していったと叙述している。そして六年の長きにわたった第二次世界大戦は、満洲や千島列島で終幕を迎えたと記す。

さらに、クレムリンの独裁者スターリンは、ポーランドとノモンハンという二つの戦域を睨みながら、ナチス・ドイツと日本の軍事政権を二つながら撃破して、戦勝国となったとする新たな見解を示している。

アメリカの現代史家、スチュアート・D・ゴールドマンは、ビーヴァーの新しい視座を踏まえて、『ノモンハン　１９３９　第二次世界大戦の知られざる始点』（みすず書房）を著した。埋もれていた膨大な史料を発掘し、第二次世界大戦の「発端」を「ノモンハン戦争」に求める画期的著作としている。

## 欧州戦局の陰画

関東軍の対モンゴル国境の守備隊が、モンゴル軍とソ連赤軍と最初に干戈《かんか》を交えたのは、一九三九年五月一一日だ。中部ヨーロッパでは、ジョージ・ケナンがカルパチア地方を踏査して、独ソの密やかな接近のシグナルを感じ取っていた直後のことだった。中部ヨーロッパから遥かに隔たったモンゴル高原で満洲国の国境守備隊とモンゴル軍の国境警備部隊が衝突した。この「ノモンハン戦争」こそ、欧州戦局の陰画であった、とゴールドマンは喝破している。

関東軍は、モンゴルと満洲国の国境をハルハ河とする解釈を採っていた。関東軍の作戦課参謀、辻政信少佐は「満ソ国境紛争処理要綱」を自ら筆を執って起案していた。ソ連軍とモンゴル軍が越境してきた際には、周到な準備のもとに十分な兵力を用いて殲滅《せんめつ》すべしとする強硬策であった。そしてこの作戦目標を達成するためにはソ連・モンゴル領に侵入し、時にソ連兵を満洲領に誘致して撃破してもかまわないと定めていた。関東軍は、この要綱に基づいた「関東軍作戦命令第一四八八号」に従って行動するよう、隷下の部隊に命じていたのだった。

モンゴル軍の国境警備部隊が、ハルハ河を密かに渡って満洲国領を侵しつつある——。急報に接した関東軍の第二三師団司令部は、当初、重大な事態が起きているとは考えなかった。国境地帯で頻発していた小競り合いの一つと判断し、「関作命第一四八八号」に沿って国境付近に展開していた二〇〇〇の部隊を出動させた。そしてモンゴル軍の撃退を試みたのだった。

ハルハ河を越えて進出してきたモンゴル軍への一連の攻撃は、その背後にいたソ連側をいたく刺激した。この攻撃がやがて大規模なソ連軍の反撃を誘発することになろうとは関東軍の首脳陣は気づいていなかった。国境の守備にあたっていた両軍の背後に控えていた関東軍の主力とソ連軍の精鋭部隊が、順次、この攻防に投じられて、戦闘は次第に熾烈なものになっていった。その結果、日本側の死傷者は五〇〇人規模、ソ連側も四〇〇人規模の死傷者を出して、五月末には第一次ノモンハン事件は一応終結した。

「ノモンハン戦争」周辺図

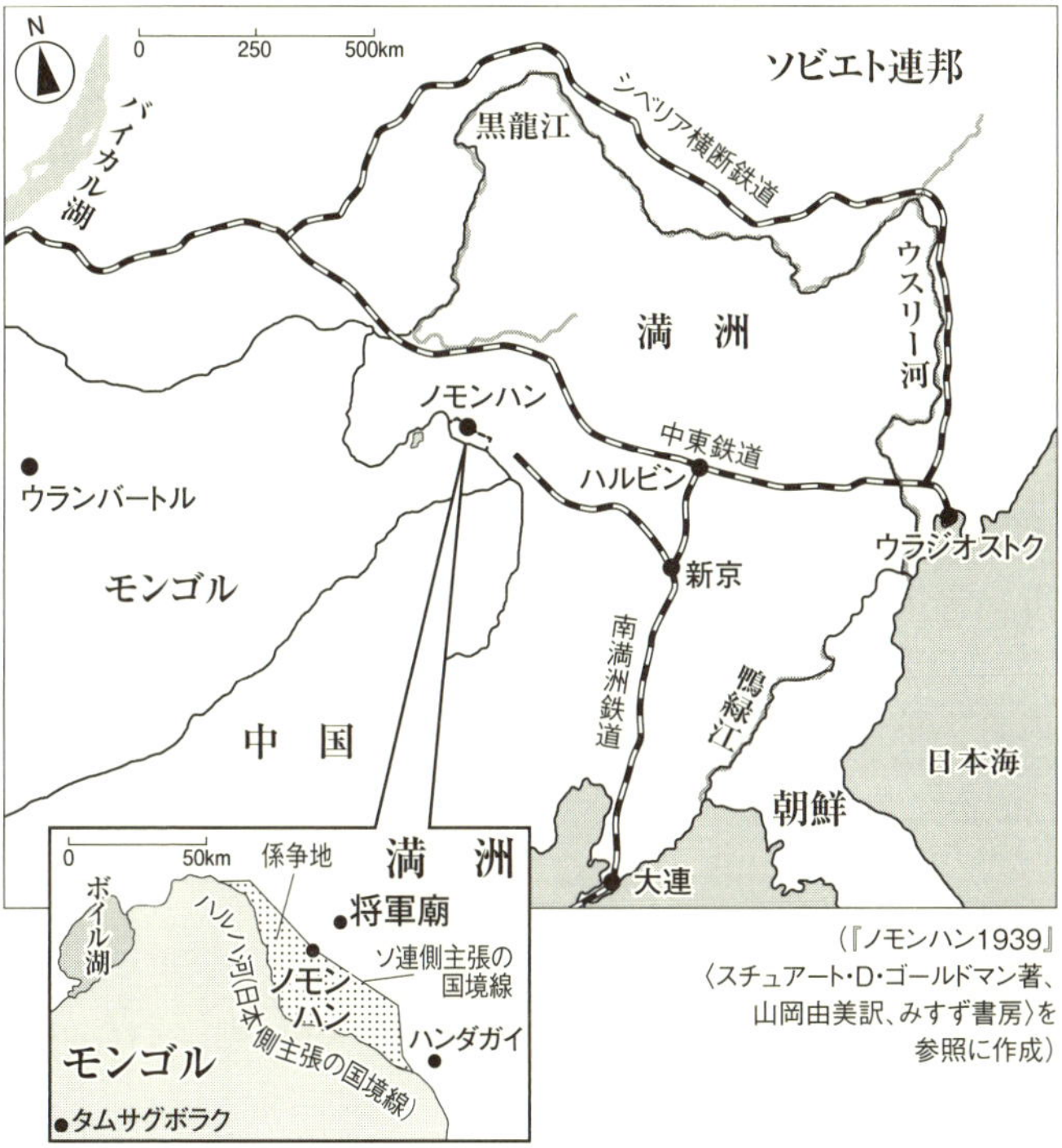


(『ノモンハン1939』〈スチュアート・D・ゴールドマン著、山岡由美訳、みすず書房〉を参照に作成)

## インテリジェンスなき敗戦

この時点で東京の大本営でノモンハン事件の総括が行われた。その結果、次のような三点の結論がとりまとめられた。

（一）ソ連側に事件を拡大させる意図なし
（二）事件を局限する関東軍の方針を支持する
（三）関東軍がモンゴル領内を爆撃する気配がない限り、現地司令部の指揮に干渉しない

だが、東京の大本営の判断はそのいずれもが惨めなほどに誤っていた。それがノモンハンの悲劇をさらに大きなものにしていった。

まず第一は、ソ連のヨシフ・スターリンは、モンゴルにいた赤軍の司令官を更迭し、ミンスクの白ロシア軍管区にいたゲオルギー・ジューコフ司令官代理をノモンハン事件の処理にあたらせる命を下した。この人事からソ連側が戦略的守勢に甘んじる意図がないことは明らかだった。だが日本側は、新たな人事が発令されたという情報すら入手できなかった。

第二は、関東軍の幕僚たちは、事件を拡大させるべく動き始めていた。現地の司令部は事件を局限する意図などなかった。その証拠に大本営にハルハ河を渡るための資材を堂々と要求し

ていたのである。大本営が関東軍の幕僚たちを統御できないという昭和陸軍の根深い病弊がすでに覆いがたいものになっていた。

第三は、関東軍は、中央の了承を得ないまま、優勢な航空戦力を動員して、モンゴル領のソ連軍基地を爆撃する準備を密かに進め、これが現地の戦闘を一気に拡大させるきっかけとなってしまった。現地の司令部は独断専行を決めていたのだが、中央はその動きにすら気づいていなかった。

日本陸軍の中央は、関東軍の専横を押さえることができず、その結果、現地の情勢を正確につかめず、的確な采配を揮うことがかなわなかった。陸軍の統帥部のインテリジェンスは幾重にも瑕疵《かし》を抱えていたのである。関東軍はモンゴル領のソ連軍の基地の空爆を敢行した。だがその時、猛将として知られるジューコフ将軍率いる赤軍の精鋭部隊が多くの新鋭戦車を駆って前線に迫っていたことに気づかなかった。

当時、日本の政局をすら差配していた陸軍の幕僚たちは、戦術情報に蒙《くら》かっただけではない。アジアの僻遠の地で起きた軍事的衝突が、ナチス・ドイツとスターリンの密やかな接近と水面下で繋がっていた事実に全く気づかなかった。

一九三九年夏、日ソ両国の機甲師団がノモンハン高原で烈しい戦闘を繰り広げていたまさにその時、ヒトラーとスターリンは独ソ不可侵条約を締結した。これによって、ヒトラーは英仏とソ連の二正面作戦を回避することができ、安んじてポーランドへの電撃作戦を敢行し、第二次世界大戦に突き進んでいった。一方のスターリンもドイツと日本との二正面作戦を免れ、ノモンハンで後顧の憂いなく関東軍に鉄槌を下すことができたのだった。アジアの草原での戦いこそ欧州での戦争の導火線になったのである。

スターリンは、ジューコフ司令官麾下《きか》の第一軍集団には、四個歩兵師団にさらに二個騎兵師団や戦車四九八両、航空機五八一機を与え、八月半ば以降に大規模な攻撃に出るよう命じたのだった。そして八月二〇日早朝、二〇〇機を超えるソ連爆撃機の第一波が、日本軍の陣地に空爆を開始した。続く二一日と二二日には、ポタポフ大佐率いる南部集団が、関東軍の部隊に襲いかかった。各部隊は分断され、凄惨な光景がそこかしこで繰り広げられた。

「日本の指導部は満洲の国境で攻勢に出る意思がない」

時を同じくして、東京に配していた赤軍のスパイ、リヒャルト・ゾルゲからも確度の高いインテリジェンス・リポートがクレムリンに寄せられていた。

前線の国境守備隊は敵の猛攻に遭って次々に壊滅していった。だが関東軍の辻政信参謀らは、小松原師団の部隊を逐次投入するばかりで、最精鋭のソ連戦車群に相次いで撃破され、日本側はおびただしい犠牲者を出していった。

翌八月二三日、ヒトラーの命を受けたリッベントロップ外相は、モスクワに到着し、「独ソ不可侵条約」に署名を済ませている。そして秘密議定書でポーランドを真っ二つに切り裂いてそれぞれの分け前とすることを申し合わせたのだった。

## 第二次世界大戦の知られざる始点

日本陸軍の首脳陣は、ヒトラーのナチス・ドイツを盟友と定めて日独伊三国軍事同盟の締結を急いでいた。だが、日本が主敵として戦っていたソ連とナチス・ドイツは「悪魔の盟約」を取り交わしてしまった。日本のインテリジェンス機関は、独ソの接近をその片鱗すら掴むことができなかった。日本の統帥部は、戦略情報の分野でも一敗地に塗《まみ》れてしまったのである。

「ノモンハン戦争」の分析をライフワークとするスチュアート・D・ゴールドマンは、ヨーロッパと極東という二つの戦域を高い視座から俯瞰しつつ、第二次世界大戦の「知られざる始点」を浮かびあがらせていった。

「ジグソーパズルでこれまで見落とされていた、あるいは不適切な場所に置かれていた重要なピースをしかるべき場所にはめ込むものだといえよう」

著者のゴールドマンは第二次世界大戦前夜の戦略状況をジグソーパズルに譬《たと》えて、「ノモンハン戦争」こそ失われたピースだったと喝破したのだった。**インテリジェンスとは、膨大な数**

のピースを気の遠くなるような忍耐力によってあるべき場所に配する業である。そして錯綜した事態から本質をあぶりだす業でもある。

当時の日本の統帥部がインテリジェンス感覚を持ち合わせず、日露戦争に至る時代を生きた石光真清《いしみつまきよ》のような諜報の人材も欠いていた。翻ってクレムリンは情報の五感を研ぎ澄ませ、二〇世紀最高のスパイと謳われるリヒャルト・ゾルゲを東京に潜ませていた。日ソ両国にとっては、砲火を交えない情報戦ですでに勝敗が決していたのである。

戦後の日本は、意図して核兵器や空母機動部隊を持とうとしなかった。だが同時に対外インテリジェンス機関も持たなかった。そこには重大な矛盾が内包されている。ウサギは狼のように鋭い牙を持っていないがゆえに、長い耳をそなえて遥か彼方の危険を察知する。戦後の日本は、他の超大国のように他国を侵す戦略兵器を持とうとはしなかった。だが本格的な対外インテリジェンス機関もいまだに持ってはいない。それゆえ、遥か八四〇〇キロも離れたウクライナの地で生起する異変を、日本の国益に照らして読み解き、東アジアへの影響を精緻に予測する長い耳を持ち合わせていない。

七七年前の「危機の年」にこの国を見舞った悲劇を回避するための選り抜かれたインテリジェンスは、いまだに日本の手中にない。

# Ⅵ

# 「イスラム国」をめぐる中東のパズル

## 日本の在り様を変えたイラク戦争

冷戦後の日本の安全保障論議に大きなインパクトを与えた国を一つだけ選べ――と言われれば、躊躇なくイラクを挙げるべきだろう。日本列島から遥かに隔たったイラクが舞台となった二度の戦争こそ、経済大国ニッポンの外交・安全保障の舵を決定的に切らせる契機となった。

一九九〇年八月、独裁者サダム・フセイン率いるイラク軍は、突如として隣国クウェートに侵攻した。湾岸危機の勃発である。超大国アメリカは、イラク軍を駆逐しようと国連の安保理決議を取り付けて多国籍軍を編成する。湾岸危機が戦争に転化したのは翌九一年二月のことだった。この湾岸戦争に際して、経済大国、日本は中東に展開した多国籍軍に一三〇億ドルもの資金を提供した。だが国際社会からは「ニッポンは血も流さず、汗も流さず、すべてをカネで済ませるのか」と非難の声が浴びせかけられた。日本はその苦い教訓から、国連の平和維持活動に自衛隊を参加させる法律を国会で成立させる。

湾岸戦争からちょうど一〇年、同時多発テロがアメリカの中枢部を襲った。時のブッシュ政権はこの事件を機に、サダム・フセインのイラクが大量破壊兵器を持っていると断じて、攻勢を強める。そして、イラクをイラン、北朝鮮と共に「悪の枢軸」と呼び、対イラク戦争に突き進んでいった。二〇〇三年三月のことだった。

日本は湾岸戦争の轍《てつ》を踏むまいとして、アメリカを中心とする多国籍軍の後方支援を担うため、非戦闘地域に自衛隊を派遣した。同盟国アメリカの戦争を背後で支える海外派兵に初めて踏み切ったのだった。戦後日本の安全保障政策の大きな転換である。

イラク戦争からさらに一〇年余りがたった二〇一四年、安倍晋三政権は、最重要の同盟国アメリカが軍事行動に踏み切った場合、日本が直接武力攻撃を受けなくともアメリカと軍事行動を共にできるように従来の憲法解釈を変更し、集団的自衛権の行使に道を拓いた。これを踏まえて一連の安保法制の整備を目指している。

時を同じくして、日本の安全保障論議に大きな影響を与えてきたイラクは混迷を深めていた。フセイン政権の崩壊を受けて、現地に進駐したアメリカ軍は、シーア派のマリキ政権を支援して誕生させた。スンニ派を多く抱えるバース党のフセイン前政権に替えて、国内で多数派のシーア派を中心とした統治体制を整え、治安の安定を図ったのだった。

しかし、二〇一一年の暮れ、オバマ政権が公約通り、すべてのアメリカ軍戦闘部隊をイラクから撤退させると、状況は一変する。トルコ国境に近いイラク北部地域ではクルド人自治区が独立国のような様相を見せ、西部地域ではスンニ派を中心とした反マリキ武装グループが勢力を伸ばした。シーア派のマリキ政権は、スンニ派に対する弾圧に踏み切り、果てしない宗派間の争いが幕を開けたのである。

イラクでは、イラン国境に近い東部地域にシーア派のアバーディ現政権、北部地域にクルド人自治区、西部地域にスンニ派の武装勢力が国土を三つに分割して蟠踞《ばんきょ》した。こうした混乱に乗じて、にわかに勢力を伸ばしてきたのが、ＩＳＩＳ「イラク・シリアのイスラム国」を名乗るイスラム教スンニ派原理主義の過激派集団だった。神の代理人たるカリフが統治する「神の国」を樹立するとして、イラクからシリアにまたがる広大な地域に国家ならざる国家を打ち立てる動きを見せたのだった。その影響力は中東を超えてエジプトやリビアなど北アフリカ諸国にまで及ぶ。

そして今また、日本の外交・安全保障の在り方にまで影を落としつつあるのだ。

## 「イスラム国」とは何者か

いまや国際社会にとって世界最大の脅威の一つとなったＩＳ「イスラム国」とは何者なのだろうか。

「イスラム国」を国際テロ組織の亜種と規定するのは的確ではない。彼らは残忍なテロ行為によって既存の国家に挑み、地域社会の秩序を攪乱しているだけではない。自らが占拠した領域を実効支配し、地域社会を実質的に統治し、税まで徴収して、政治勢力としての地位を固めつつある。アメリカのチャック・ヘーゲル国防長官（当時）は、二〇一四年八月二一日の記者会見で、「イスラム国」を初めて「われわれにとって長期的な脅威だ」と認めた。

「これまで米国が目にしてきたいかなる組織よりも洗練され、資金も豊富で、単なるテロ組織の域を超えてしまっている」

アメリカの国防を担う首脳はこう述べて、同時多発テロ事件を起こした国際テロ組織アルカイダを凌ぐ新たな脅威と断じたのだった。

「イスラム国」の直系の起源となった組織は、アブー・ムスアブ・アッ・ザルカーウィーが創設した「イラクのアルカイダ」である。二〇〇三年に始まったイラク戦争で、サダム・フセイン政権は脆くも崩壊し、アメリカ軍を後ろ盾にシーア派の新政府が樹立された。「イラクのアルカイダ」はアメリカの進駐軍と新政府を標的に対テロ攻撃を繰り広げ、イラク国内に浸透していった。

「イラクのアルカイダ」は、オサマ・ビン・ラディンに率いられたアルカイダとは一線を画す。シーア派を徹底して異端とみなし、ジハードの主たる対象に据えた点で際立っている。その宗派主義的態度が、アルカイダの指導層から「イスラム世界の団結を乱し、敵を利するものだ」と批判され、相互の対立は深まっていった。だが、シーア派を主敵としてイラク政権を追

「イスラム国」（IS）勢力図

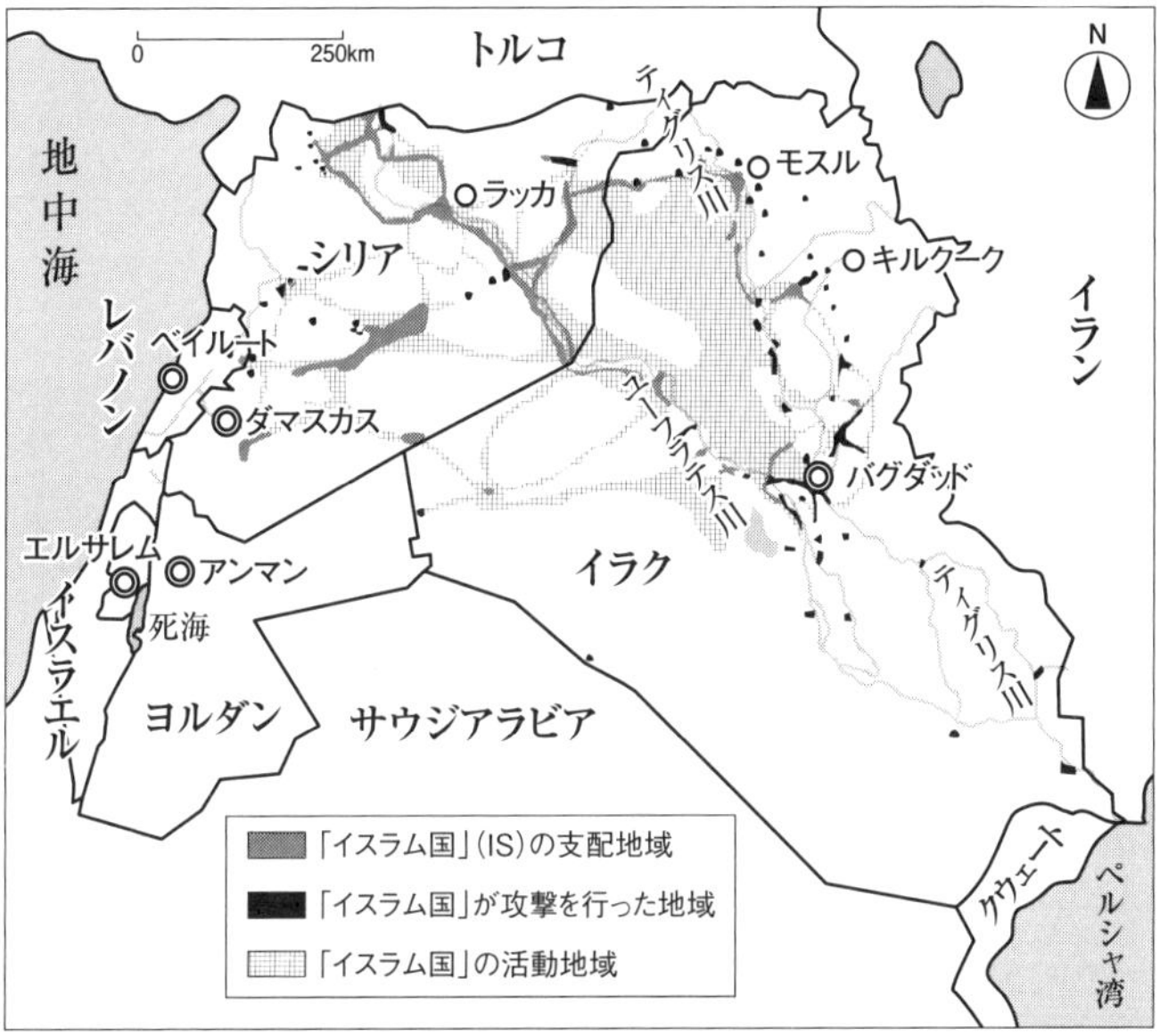


（2015年6月現在。戦争研究所〈ISW〉などの資料を参照し作成）

い詰めることでイラク社会に亀裂を深め、内戦を激化させていく。「イラクのアルカイダ」を率いた指導者ザルカーウィーは、二〇〇六年に米軍によって殺害されたが、組織は着実に勢力を拡げていった。

二〇一一年の「アラブの春」を受けて、シリア国内でもアサド政権に抗う武装蜂起が巻き起こると、アサド派はかつてない残虐さで武力弾圧の挙に出た。スンニ派を中核とする反アサド派の武装勢力には、近隣のアラブ諸国から義勇兵が次々に合流し、シリア国内の内戦は泥沼の様相を呈していく。

「イラクのアルカイダ」もこうした混乱に乗じて、対シリア国境を越え、反アサド武装闘争に加わった。二〇一三年には、シリアの反政府組織である「ヌスラ戦線」とも共闘して、「イラク・シリアのイスラム国」を創設する素地をつくり上げたのだった。国境を越えてシリア側に拠点を作ったことで、「イスラム国」は一層有利な戦略環境を手にする。「イスラム国」の兵士は戦況が不利になれば国境を跨《また》いでシリア側に逃れることができるが、イラクの政府軍は国境を越えて追撃することはできないからだ。

二〇一四年に入り「イスラム国」の攻勢は続き、六月にはイラク第二の都市モスルを制圧する。「イスラム国」の武装組織は、北部の主要都市をひとつひとつ制圧しながら、次第に南下して、いまや首都バグダッド近郊に迫るまで支配地域を拡げつつある。

## 「イスラム国」をめぐる略年表

| | | |
|---|---|---|
| 1916年 | 5月 | 英・仏・露間でサイクス・ピコ協定締結、オスマン・トルコ帝国の分割 |
| 1988年 | 8月 | オサマ・ビン・ラディン、「アルカイダ」設立 |
| 1990年 | 8月 | イラク軍、クウェート侵攻 |
| 1991年 | 1月 | 多国籍軍、イラク空爆開始（湾岸戦争） |
| 2001年 | 9月 | アメリカ同時多発テロ |
| 2003年 | 3月 | 米中心の有志連合、イラク侵攻開始（イラク戦争／第二次湾岸戦争） |
| 2004年 | 10月 | アブー・ムスアブ・アッ・ザルカーウィー、「イラクのアルカイダ」設立 |
| 2006年 | 10月 | アブー・ウマル・アッ・バグダーディー、「イラクのアルカイダ」の最高指導者に就任。組織名を「イラク・イスラム国（ISI）」に変更 |
| 2010年 | 5月 | アブー・ウマル・アッ・バグダーディーの死亡に伴い、アブー・バクル・アッ・バグダーディーがISI最高指導者に就任 |
| 2011年 | 1月 | エジプトで反政府デモ勃発（アラブの春） |
| | 5月 | オサマ・ビン・ラディン、パキスタンで米軍に殺害される |
| | 12月 | 米軍、イラクから撤退 |
| 2013年 | 4月 | ISI、「イラク・シリアのイスラム国」（ISIS。別名「イラク・レバントのイスラム国」、ISIL）へ名称を変更 |
| 2014年 | 6月 | ISIS、カリフ国家の樹立宣言。名称を「イスラム国（IS）」に変更 |
| 2015年 | 1月 | パリで『シャルリー・エブド』社ほか連続襲撃事件<br>安倍総理、エジプト・ヨルダン・イスラエル・パレスチナ歴訪。「カイロ演説」<br>IS、日本人を人質にしたことを発表 |
| | 2月 | 21人のエジプト人出稼ぎ労働者、リビアにてＩＳに殺害される |

イラクからシリアにまたがる広大な領域を支配し、六月二九日には名称をＩＳいわゆる「イスラム国」に改め、指導者のアブー・バクル・バグダーディーが神の代理人たるカリフに就任したと高らかに宣言した。イスラム法によれば、カリフこそムスリム（イスラム教徒）の共同体を率いる正統な指導者であり、バグダーディーはその地位に就いたと闡明《せんめい》したのだった。

## 「イスラム国」の生存の糧は

イスラム教シーア派を異端として殲滅すべしと呼びかける「イスラム国」は、中東のスンニ派諸国の支援グループから様々なルートを介して武器・弾薬や資金の提供を受けている。とりわけ住民の多くがスンニ派である隣国トルコから越境ルートを通じて軍需物資が密かに持ち込まれている模様だ。だがトルコ政府は「イスラム国」と直接対決することを避けたい思惑もあり、これを黙認しているといわれる。さらにスンニ派のサウジアラビアやカタールなどからも、モスクでの寄進などの形で資金が「イスラム国」に流れ込んでいる。こうした資金を巧みに使ってトルコの輸送業者を雇い、軍需物資の補給を賄っている。いまや「イスラム国」の武装勢力は、イラク政府軍に劣らない重火器や戦闘車両を手にして攻勢に出ているのである。加えて、敗走するイラク軍から最新鋭のアメリカ製兵器まで入手しているという。

「イスラム国」は、インターネットの人材募集サイトを通じて世界各地からジハード（聖戦）の戦士を募り、その数は二〇一四年末の段階で少なくとも三万人を超えたといわれる。イギリス、ベルギー、オーストラリアなど欧米各国からも現状に不満を募らせる青年たちが呼びかけに応じて続々と「イスラム国」の部隊に身を投じている。日本からも大学生がこれに加わろうとシリアへの渡航を企て、警察が刑法の「私戦予備・陰謀罪」容疑で家宅捜索を行った。

「イスラム国」は、シリアからイラクにかけて、主要都市や石油基地、それにダムなど戦略上の要衝を次々と攻略した。アメリカ財務省で経済制裁やテロ資金の動きを監視するインテリジェンス部門の責任者であるコーエン次官は、「イスラム国」がシリアやイラクにかけての油田地帯で盗掘をした原油は、トルコなどの密売業者によって、主にヨルダンを経由して売りさばかれていると指摘している。そして「イスラム国」が得ている収入は、最盛期には一日で日本円に換算して約一億二〇〇〇万円にのぼったと試算している。コーエン次官の発言は、詳細な現地での調査に基づき詳しい分析を経て裏付けられたインテリジェンスだと見ていい。

また「イスラム国」は、数々の犯罪行為にも手を染めて軍資金を稼いでいる。イラク北部の都市モスルを侵した際には、中央銀行の支店を襲撃して、総額四億ドル、日本円に換算して約四六〇億円を強奪したといわれる。同時に欧米諸国から多くの人質をとり、身代金を要求して、資金源にしている。

このように「イスラム国」は、スンニ派の寄付に加えて、テロと強奪を繰り返して巨額の資金を獲得し、支配地域の住民からも税を徴収し、膨大な兵士を抱える資金源としているのである。

## 変貌するグローバル・ジハード

「イスラム国」と国際テロ組織アルカイダ。両者は共にイスラム法に基づくイスラム国家たるカリフ帝国の樹立を唱え、暴力的手段に訴えて世界イスラム革命を実践する「ジハード」思想を信奉している。

しかし、誰を主たる敵とみなすか、この二つの組織には決定的な違いがある。国際テロ組織アルカイダは、超大国アメリカとその最重要の同盟国イスラエルをイスラム世界の主たる敵としてきた。これに対して「イスラム国」は、イスラム教のシーア派を異端とみなし、ジハードの主たる標的とする。とりわけ、シーア派の一二イマーム派こそ、偽の革命理論を唱えてイスラム教徒たちを惑わせる最大の敵と決めつけてきた。したがって一二イマーム派の強国イランこそ、まず打倒すべき対象だ。カリフ帝国を建設するうえで「イスラム国」の前途に立ちはだかっている最大の障害物、それがイランなのである。

組織の面から両者を比較してみよう。国際テロ組織アルカイダは、かつてオサマ・ビン・ラディンというカリスマ的指揮官とザワヒリという有能な副官を戴いていた。中心的組織と指揮命令系統を整え、オサマ・ビン・ラディンの統率のもと、北アフリカ、イエメン、シリアなどに拡がるテロ組織を緩やかな形で束ねていた。指揮命令系統が整っている組織なら、末端組織から辿っていけば、上部組織の幹部を捕捉できる。アメリカは、持てる強大な軍事力と諜報力を駆使して、対テロ戦争を繰り広げた。その結果、第一世代のアルカイダ幹部はほぼ駆逐されてしまった。象徴的存在だったオサマ・ビン・ラディンも二〇一一年五月、米海軍特殊部隊「ネーヴィー・シールズ」に急襲され、パキスタンのアボタバードの隠れ屋で殺害された。

超大国アメリカの軍事力・警察力・諜報力に対抗するため、第二世代のアルカイダ系の活動家たちは新たな展開を模索した。それが**グローバル・ジハード運動**であった。その代表的理論家こそ、シリア出身の活動家にして思想家、アブー・ムスアブ・アッ・スーリーだった。彼は二〇〇四年に、インターネット上で『グローバルなイスラム抵抗への呼びかけ』と題する論考を発表した。個々人が自発的に結集し、潜伏し、小集団で散発的にテロを繰り返せ――。「グローバル・ジハード運動」はこうした呼びかけに応じて各地に浸透していった。イスラム教徒の子弟が移住先の欧米先進国で密かにテロリストに変身する。「ホームグロウン・テロリスト」を育み、欧米社会の中枢を狙い、象徴的な場所を選んでテロを敢行する分散型のジハードが次第に主流となっていった。

世界各地で「イスラム国」に共鳴する武装集団が不気味な拡がりをみせている。ジハードを通じて唯一のカリフ帝国を創り出すという基本信念を分かち合っているのだが、互いの組織的つながりはあえて明確にしようとしない。黒い旗を掲げて戦う彼らは、指揮命令系統が定かでない、分散型の「組織なき組織」なのである。欧米諸国に潜むテロ組織の同志にも、分散して潜伏しながら小規模なテロを繰り返せと呼びかけている。これこそが「グローバル・ジハード運動」の際立った特徴だ。

グローバル・ジハードに的確に対処するには、従来型の軍隊や警察組織では難しい。一方でテロを企てる側には有利であり、彼らは自らの強みを知り抜いている。

## 組織なき組織「イスラム国」

「イスラム国」についての精緻なインテリジェンス、とりわけ確かなヒューミント（人的情報源）を持っている国家は存在しない。「イスラム国」が常の国家形態をとっていないからだ。通常の指揮命令系統も持たず、その通信手段も既存の国家とは全く異なっている。これでは、NSA（アメリカ国家安全保障局）が敵の中枢組織に焦点を絞って通信を傍受するシギント活動をどのように展開しても、有効な情報を入手して、敵の実体に肉薄することは難しい。「イスラム国」は、アメリカのＮＳＡやイスラエルの諜報機関モサドのシギント活動を警戒して巧みな欺瞞工作を行っているため、傍受した通信を鵜呑みにすることは逆に危険このうえない。

それだけに欧米の諜報・治安組織にとっては姿を捉えにくく、相手に言い知れない恐怖を与えることができる。欧米諸国は神経戦に疲れ果て、やがてテロとの戦いに倦《う》んでしまう。それこそが彼らの基本戦略であり、途方もない忍耐力でそうした局面を創り出しているのである。

グローバル・ジハードの提唱者スーリーは、イスラム諸国では内戦によって政権が揺らぎ、確かな統治が及ばない地域が次々に現れてくると予測し、「解き放たれた戦線」と呼んだ。「解き放たれた戦線」がひとたび現れるや、ジハードに身を投じる義勇兵が次々に集結し、武装組織化して実効支配を確立する。そしてそこを拠点に大規模なジハードを展開すると構想した。「イスラム国」はそのシナリオをなぞるかのような道をたどっている。

かつて帝国主義国勢力は中東地域に恣意的な国境を定めて植民地の分割を行った。第一次大戦中の一九一六年、英仏にロシアが加わって「サイクス・ピコ協定」を締結し、現在のシリアとイラクの国境としたのがその典型である。「イスラム国」は、このサイクス・ピコ協定によって画された従来の中東秩序の打倒を掲げている。グローバル・ジハードの思想と新たな組織論を手に「カリフ帝国」の創設を叫ぶ「イスラム国」。それを封じ込める確かな決め手を、既存の国家群は見つけあぐねている。

## オバマの虚しき「最後通牒」

中東の戦略上の要衝であり、多くの世界遺産を擁するシリアはいま、出口の見えない深い混迷のなかにある。「アラブの春」をきっかけに、シリアの反政府勢力はアサド政権の打倒に立ち上がり、泥沼の戦いに突入したまま内戦はいつ果てるとも知れない。シリア情勢はどうしてここまで錯綜したものになってしまったのか。それは宗派間の対立が幾重にも絡み合い、周辺の大国が政府側、反政府側の武装勢力にそれぞれ武器・弾薬を提供しているからである。

シリア国民のおよそ八割はスンニ派のムスリム（イスラム教徒）だ。アサド大統領の一族は、一般にはシーア派の分派とみなされているが、実際はシリア土着の山岳宗教であるアラウィー派に属している。そのアサド政権の後ろ盾になってきたのは、シーア派一二イマーム派の大国イランだ。同時に、北の大国ロシアもアサド政権と緊密な関係を保ってきた。その一方で、スンニ派を中心とする反政府勢力を背後から支えているのは、同じスンニ派のサウジアラビアである。アメリカもまた反政府ゲリラの一部に武器などを与えて反アサド闘争を支援してきた。シリア内戦には、イラン、ロシアとサウジアラビア、アメリカという大国同士の代理戦争という側面もある。

烈しい内戦によって二〇一四年末ですでに一九万人を超える尊い人命が喪われている。しかし、イラク戦争の後始末を委ねられたアメリカのオバマ政権は、イラク国内の治安回復に精力を使い果たし、シリア情勢の混迷を見過ごしてきた。それがアサド大統領をさらなる悪行に駆り立てていく。反政府活動に対処するとして、アサド政権は自国民に向けて化学兵器を使用する構えを見せたのである。

二〇一二年夏、オバマ大統領は、CIA（アメリカ中央情報局）をはじめ複数のインテリジェンス機関から重大な報告を受けとった。

「アサド政権が自国民に化学兵器を使う可能性が濃くなっている」

八月二〇日、オバマ大統領はホワイトハウスの記者会見に臨み、「アサド政権が化学兵器を使っていることが明らかになった時にはどうしますか」と記者から問われて、次のように答えた。

「シリアのアサド大統領はすでに正統性を失っており、辞任すべきだと思う。だが、いまのところはシリアへの軍事的関与は命じていない」

決定的な言葉が発せられたのはその直後だった。

「大量の生物・化学兵器を使ったことが確認されれば、超えてはならない一線を超えたことになる。アメリカ政府はアサド政権に誤解の余地なく次のように伝えてきた。そのような事態になれば従来の方針を変えざるをえない」

オバマ大統領自らが、超えてはならない「レッドライン」を設定し、武力行使の基準を明確に示したのであった。ホワイトハウスの記者たちは「アサド政権が生物・化学兵器を使えば軍事介入に踏み切るということですね」と畳みかける。

「シリアが化学兵器を使用したと確認すれば、重大な結果を招くことになる。そうシリア側には明確に伝えてある。そのような兵器を使えば従来の方針をはっきりと変えることになる」

オバマ大統領はこう応じてシリアへの軍事介入の意思を重ねて明らかにしたのだった。

二〇一三年、アメリカ政府は「少なくとも一四二九人のシリア国民が化学兵器で死亡した」とする報告書を公表した。化学兵器の使用は、国連憲章第七章をはじめ、あらゆる国際法に違反する。国家としての主要な要件の一つは、国際法を遵守することにあるのだが、アサド政権は自らそれを破り捨てたことになる。アメリカは、シリアが「オバマの警告」を無視する暴挙に出たと断じた。

## 中東外交の覇者プーチン

シリアのアサド政権は「レッドライン」を超えた。にもかかわらずオバマ大統領は、武力行使という伝家の宝刀を抜こうとはしなかった。軍事行動を共にしてくれるはずだった英国のキャメロン政権が議会の否決にあって脱落し、他の欧州諸国の支持も集まらなかったからだ。オバマ大統領はアメリカ議会に軍事介入の承認を求めようとしたのだが、下院の支持を取り付けるメドがたたなかった。結局、オバマ大統領は、シリアへの武力行使を断念してしまう。この「オバマの不決断」こそが、中東にさらなる混迷をつくりだすことになった。

国家の安全保障は、究極のところ、その奥底に「力の行使」の覚悟を秘めていなければ、相手を押しとどめることが難しい。戦後の日本は、武力行使によって事態の解決を図る選択肢を自ら封じたため、力を行使することの本質に真摯に向き合う機会を持たなかった。同盟国アメリカが究極の場面で力を行使することを暗黙の前提にしながら、戦争などあってはならないと言い募ってきたのである。

化学兵器の使用という圧倒的な不正義を眼前にしながら、世界の警察官を自任するアメリカが、シリアのアサド政権への武力攻撃を見送った結果責任は極めて重かった。中東情勢を混迷に陥れただけでない。遥か東アジアの安全保障にも黒々と影を落とすこととなったのである。ロシアも中国も、伝家の宝刀に手をかけられないアメリカ大統領の弱さを見逃がさなかった。オバマ大統領は「超大国アメリカの終わりの始まり」の幕を上げてしまったのだ。

ロシアのプーチン大統領は、オバマ大統領が躊躇する一瞬の機を逃さず、外交の主導権を奪っていった。二〇一三年八月三一日、プーチン大統領は「声明」を発表し、「シリア政府が攻勢に出ているときに化学兵器など使う合理性がない」とアサド大統領を擁護し、「アメリカは証拠があるなら、きちんと公表すべきである」と外交的攻勢に出た。

オバマ政権は、アサドが化学兵器を使用した事実に確信を持っていたが、その証拠を明らかにすることは、シリア国内でいかなる情報源から機密を得ているか、手の内を明かしてしまうことになる。インテリジェンスのプロフェッショナルであるプーチン大統領は、相手の弱みを巧みに衝いたのである。

そのうえで、「証拠があるなら国連に出せ」と迫り、アサド政権が大量破壊兵器を使った事実が確認されれば、ロシアとしても再発防止の措置を取ると表明した。九月上旬、ロシアのサンクトペテルブルクで開かれたG20でも、プーチン大統領は議長国の立場を巧みに活用して積極的な外交を繰り広げた。そして友好関係にあるシリアのアサド大統領を説得して、化学兵器を国際管理に委ねることを約束させたのだった。「シリアが化学兵器など使うはずはない」という反論をあっという間に捨て去り、今度はシリアにすべての化学兵器を申告するよう説き伏せて、アメリカからシリア攻撃の大義名分を奪い去ってしまったのである。

## チェチェン・ファクター

ロシアはなぜかくまでしてシリアのアサド政権を守ろうとしたのか。

それは、アメリカのシリア攻撃でアサド政権が弱体化し権力の空白が生じれば、アルカイダ系の組織がその隙に乗じて勢力を伸ばしてくることを恐れたからに他ならない。イスラム過激派のなかにはチェチェン系の活動家が紛れている。シリアを拠点にする彼らが勢いづいて、ロシア連邦内の北コーカサスに拡がるチェチェン独立運動と連動する事態となれば、ロシアの国内の治安は一挙に不安定化してしまう。ソチ・オリンピックを間近に控えていたプーチン政権にとっては、アメリカのシリア攻撃だけはなんとしても阻止せねばならなかったのである。二〇一四年冬季オリンピックの開催地ソチを擁するクラスノダール地方は、チェチェン共和国のあるコーカサスに隣接しているからだった。

チェチェンの人々を見舞った凄まじいばかりの歴史を概観してみよう。

一八世紀半ばから一九世紀半ばまでの一〇〇年の間、コーカサスを舞台にロシア帝国とチェチェン系住民の間では悲惨な戦争が幾度も行われた。一八六〇年代に入って、ロシア帝国はようやくチェチェン一帯を平定する。だがその過程で実にチェチェン系住民の九割までもが殺戮《さつりく》されたといわれる。一つの民族の大半が姿を消してしまったのである。生き残ったチェチェン人のなかには、オスマン帝国の庇護を求めて故郷を捨てた人々も多い。正確な統計はないが、そうしたチェチェン人の末裔が、トルコに一五〇万人、アラブ諸国に一〇〇万人、いまも暮らしているという。シリアにもおびただしい数のチェチェン人が逃げこんだ。

一九二〇年代にソビエト政権が支配を確立すると、本国のチェチェン人と中東のチェチェン人の交流が禁じられる。在外のチェチェン人たちの反ロ感情が逆輸入されることを当局が恐れたためだ。そして一九八五年にゴルバチョフ大統領がペレストロイカを推し進めると、久々に両者の交流の機運が高まっていった。六五年もの永きにわたって交流が途絶えていると、コミュニケーションが希薄になるのが常だが、チェチェン人には「血の報復」の掟があり、民族の絆は揺るがなかった。男の子が生まれると、七代前までの男系の名前と、生まれた日、生誕の地、さらに死んだ日と場所、それに死因まで徹底して教えこむ。一族が殺された場合は、その敵に報復をくわえなければならないためだ。この掟があることで、半世紀を超える断絶にもかかわらず、チェチェン人の同族意識が喪われることはなかった。

そして冷戦が終わったソ連末期の一九九〇年一一月、チェチェンはソ連からの独立を一方的に宣言する。しかし、ソ連の崩壊を受けて成立したロシア共和国は、チェチェンの独立だけは断じて認めようとしなかった。やがて凄惨なチェチェン独立戦争に発展していく。

### チェチェンをめぐる略年表

| | |
|---|---|
| 18世紀半ば～ | ロシア帝国とチェチェン系住民との間で戦闘が繰り広げられる |
| 1859年 | コーカサス戦争により、チェチェン、ロシア帝国の一部に編入 |
| 1936年 | チェチェン・イングーシ自治州を経て、チェチェン・イングーシ自治共和国になる |
| 1944年 | チェチェン人、スターリンによって中央アジアなどに強制移住させられる |
| 1953年 | スターリン死去 |
| 1957年 | チェチェン人、郷里への帰還が認められる。チェチェン・イングーシ自治共和国再建 |
| 1990年 | チェチェン・イングーシ自治共和国、ソ連から独立宣言 |
| 1991年 | チェチェン、イングーシに分割、ドゥダエフが初代チェチェン共和国大統領に就任 |
| 1994年 | チェチェン独立阻止のためロシア軍事介入（第一次チェチェン紛争） |
| 1996年 | 「ハサヴユルト協定」が結ばれ停戦成立。チェチェン、事実上の独立を達成 |
| 1999年 | ロシア軍、軍事介入（第二次チェチェン戦争） |
| 2009年 | ロシア軍、撤退 |

一九九六年八月、「ハサヴユルト協定」が結ばれ停戦が実現する。チェチェンは自らを独立国であると主張し、一方のロシアはチェチェンをロシア連邦の一部であると主張するが、互いの主張にクレームをつけず、停戦するというのが協定の柱だった。チェチェンは、事実上の独立を達成した。

ところが一九九九年、中東系のチェチェン人が「大イスラム教国」を建設するとしてチェチェン共和国に攻め入ってきた。中東系チェチェン人と土着のチェチェン人は、同じスンニ派でも法学派を異にしている。土着のチェチェン人がシャフィイー法学派に属すのに対して、中東系はアルカイダに通じるハンバリ法学派であり、アッラーの神を戴く世界帝国の建設を夢見てきた。一方、土着のチェチェン人はロシアから実質的な独立を果たせれば、それで満足だった。この両者が真っ向から衝突して泥沼の内戦が勃発した。

こうした局面で新たなリーダーとして登場したのがウラジーミル・プーチンだった。プーチンは、チェチェン人がロシアの領域内にとどまるなら、完全な自治を認め、経済的にも支援しようともちかけた。そして、ロシア軍を投入し、アルカイダ系の武装勢力の中心にいたチェチェン人を徹底的に掃討してしまった。かくして現地のチェチェン人は、ロシア連邦を構成する共和国の一つにとどまる道を選び、現地の情勢は一応の安定を取り戻している。

ところで、シリア国内には中東系のチェチェン人がいまなお数多く暮らしている。アメリカ

**チェチェン共和国と周辺国**

(2015年現在)

の軍事介入によってシリアのアサド政権がさらに弱体化すれば、アルカイダ勢力と結びついたチェチェン人が俄かに勢いづき、再びロシア領内に攻め入ってくる危険がある。そう読んだプーチン大統領は、いかなる手段を弄してもアメリカのシリア攻撃を阻む必要があったのである。

## 軍拡に転じたサウジアラビア

シリアへの武力介入をめぐる「オバマの変節」に怒りを滾《たぎ》らせた国、それは世界最大の産油国サウジアラビアだった。サウジアラビアはアラブ穏健派の雄にして、アメリカの中東外交の橋《きょう》頭《とう》堡《ほ》である。

「わが国はこれまでアメリカと協力しながら、シリア国内で活動する反政府勢力に対して武器を供与し、戦闘部隊の訓練を行ってきた。だが、今後はアメリカとの従来の協調体制を縮小することにしたい」

対米批判の口火を切ったのは、サウジアラビアの外交・安全保障分野の代表的プレーヤー、バンダル王子だった。二〇一三年一〇月、サウジアラビアのインテリジェンス機関を束ねる総合情報庁の長官であるバンダル王子は、ＥＵ（欧州連合）の外交当局者との会合で、厳しい対米姿勢を示してみせた。駐米サウジアラビア大使などを長く務めて、サウジアラビア切っての知米派とみられてきた王族の発言は、欧米の外交関係者に大きな波紋を巻き起こした。

バンダル王子は、サウジアラビアのサウード王家の出身で、ワシントンのＳＡＩＳ（ジョンズ・ホプキンズ大学高等国際研究大学院）で修士号を取り、サウジ空軍に入ってパイロットとなった。だが搭乗していた軍用機が墜落する事故で負傷し、外交の世界に転じている。一九八三年から二〇〇五年まで実に二二年間も駐米大使を務め、ワシントンの外交界の重鎮となった大物だ。

この「アメリカの盟友」は、一九九一年の第一次湾岸戦争に際しては、アメリカ軍をサウジアラビアに進駐させた中心人物であった。イスラム教の聖地メッカとメディナを抱えるこの国に、異教徒であるアメリカ兵士が進駐することをサウジ王家に認めさせる――ブッシュ大統領の意を受けて、難しい役割を演じてみせたのがバンダル王子だった。

スカーフをまとわず肌を露わにしたまま沙漠を闊歩する米軍女性兵士たち。湾岸戦争の当時、サウジアラビアに進駐したアメリカ軍の基地の様子がイスラム世界に報じられた。その光景は、イスラムの聖なる大地を踏みにじる異教徒の姿として、イスラム過激派の怒りに火を点けてしまった。それが九・一一同時多発テロ事件の導火線になっていったのだ。

オバマ大統領は再三にわたって、シリアのアサド政権が化学兵器に手をかければシリアを攻撃すると言明してきたではないか――。武力行使に踏み切らなかったオバマの優柔不断さにサウジアラビアは怒りが収まらなかった。知米派のバンダル王子も強硬な発言をせざるを得なかった。

このときサウジ王家の権力構造には微妙な変化が兆し始めていた。前の国王の寵愛を受けて対米外交を委ねられてきたバンダル王子の身辺にも陰りが生じつつあった。「シリアの反政府勢力に化学兵器を密かに渡していたのは情報庁長官を務めるバンダルだった」とする情報までメディアにリークされ、バンダル王子はやがて権力の座を逐《お》われることになる。

サウジアラビア政府は国連安全保障理事会の非常任理事国のポストに就くことを辞退する——。この衝撃的なニュースがアメリカ政府を慌てさせたのは、先のバンダル発言の直前だった。サウジアラビアは、その一年も前から非常任理事国入りを目指して、精力的な選挙運動を行っていた。突然の辞退は、パレスチナ問題やシリア内戦をめぐる安保理の対応への強い不満が理由だとされた。しかし、バンダル王子自身がアメリカのメディアの取材に応じ、「これは国連の問題ではなく、アメリカへのメッセージだと受け取ってもらっていい」と異例の発言を行っている。

この頃からサウジアラビアは急速に軍備の拡充に乗り出し、中東の軍事大国としてのプレゼンスを高めていった。ストックホルム国際平和研究所（ＳＩＰＲＩ）によると、二〇一二年から二〇一四年までのわずかな期間にサウジアラビアは軍事費を倍増させている。その結果、軍事支出の総額は八〇八億ドルにのぼり、世界第四位に躍進した。軍事費の対GDP比率も一〇%を超えた。当時、原油価格が高騰して財政に余裕があったとはいえ、サウジアラビアを取り巻く安全保障環境の厳しさを認識している証左だろう。湾岸戦争当時とは異なり、超大国アメリカにもはや頼るわけにはいかないと危機感を募らせていたのである。

## イランが核武装する日

シリアへの武力行使を見送った「オバマの不決断」は、中東全域に負の波紋を呼び起こしていった。シリアのアサド政権の背後には、中東の大国イランが控えている。そのイランはシリアを介してレバノンに拠点を持つヒズボラ、そしてパレスチナを拠点とするハマスに武器・弾薬や資金を縦横に供与している。

国際政局の鍵を握る中東の大国イランにとって、自らが支える戦略上の要衝シリアのアサド政権が、アメリカから制裁の武力攻撃を受けなかったことは幸いだった。アサド政権が保有している化学兵器を国際機関に申告し、引き渡すことで事が収まったからだ。シリアを仲介とするヒズボラやハマスへの軍事支援には何ら歯止めがかけられなかった。

かつてブッシュ共和党政権は、イラク、イラン、それに北朝鮮を「悪の枢軸」と呼んで、大量破壊兵器の保有を断じて許さない強い姿勢を示し、対イラク攻撃にひた走っていった。実際には、核開発への野望を捨てないイランこそ、アメリカにとって最も危険な存在である。にもかかわらず「オバマの不決断」は、イランの核開発に有利な情勢を創り出してしまった。それは、超大国アメリカの対中東戦略に途方もなく高価なつけとなって撥ね返ってきている。

「イランの核武装」――その悪夢がどれほど恐ろしい結果を中東一帯にもたらすのか。そうした危機感を肌で感じているのはイスラエルとサウジアラビアだ。核の刃を手にしたイランの脅威に真っ先に晒《さら》されるのは、この二つの国だからだ。

「イランは遅かれ早かれ核を持つ」

インテリジェンス大国、イスラエルはそう怜悧に見ている。イランが核武装する「Xデー」を一日でも先に延ばす――。これこそが、イスラエルの対イラン戦略の要諦だと考えている。だが、あろうことかオバマ政権は、逆に「Xデー」を早める手助けをしている――とイスラエルは怒りを募らせる。オバマ政権はシリアへの報復攻撃を断念したばかりか、イランの核武装を事実上黙認していると受け止めたからだ。

アメリカの外交的弱腰はイスラエルの安全保障を根底から揺るがしかねない。ならば自国の防衛体制を強化するよりほかにない。同時にモスクワへも密かに接近を図る素振りを見せている。イランの力を殺ぐためには、中東外交で主導権を握りつつあるロシアのプーチン政権との関係を深めていく選択肢も残しておきたいと考えているのだろう。イスラエルの政界では、ロシアからの移住者が隠然たる勢力を持っており、イスラエルとロシアが連携する素地は整っている。

イスラエルのネタニヤフ首相は米共和党の招きを受けてワシントンを訪れ、連邦議会で演説し、オバマ政権を手厳しく批判した。二〇一五年三月三日のことだった。

「イランの核開発を制限する一連の合意は、イランが核兵器を手にすることを阻むものではない。多くの核兵器を保有することを保証するものなのだ。これは悪い、大変に悪い取引だ。こんなディールならしない方がいい」

これに対してオバマ大統領は「イランに追加制裁を科し、何らかの軍事行動をとるより、一定の核能力を認める外交的合意の方がより実効性は高い」と反論した。そして「アメリカやイスラエルが取り得るどんな軍事行動や制裁より、この合意がイランの核計画を阻止するために遥かに有効である」と真っ向から対立している。

今回の訪米では、オバマ大統領のみならず、ケリー国務長官や政権高官まで、誰一人ネタニヤフ首相と会おうとしなかった。最重要の同盟国イスラエルとの関係がこれほど緊迫したのは、湾岸戦争以来のことであった。

## イランの甘い囁き

いまや「イスラム国」はイラクの首都を窺う勢いを見せている。イランにとっては、正体が定かでない敵が国境に一歩また一歩近づいていると映るのだろう。一方、アメリカにとっても、イラクの首都が陥落してしまえば政権を支える超大国の威信が大きく揺らいでしまう。

こうした状況は、アメリカとイランが水面下で密かに接近する素地となる。両国は、一九七九年のイラン革命以降、国交を断絶し、鋭く対立してきた。そしていま「イスラム国」の出現が、アメリカとイランを近づけようとしている。「敵の敵は味方」になりうるからである。

二〇一四年の六月一四日、イランはアメリカとの密やかな連携に舵を切った。イランのロウハニ大統領が記者会見でこう述べた。

「イラク政府から要請があれば、『イスラム国』の掃討作戦の支援を行う用意がある」

さらにロウハニ大統領は大胆な発言を行って宿敵ワシントンに重要なシグナルを送ったのだった。

「アメリカが行動を取るなら、連携を考えてもいい」

この一言は、苦境に立つオバマ大統領にとって、まさしく〝悪魔の囁《ささや》き〟だった。イランにとっては、アメリカと水面下で手を組みながら、「イスラム国」に痛打を浴びせる戦略は現実的な選択肢である。

両国の関係改善を阻んでいる最大の阻害要因は、核問題だ。アメリカはイランが二〇％を超えるウラン濃縮の能力を持つことは断じて認めない。すでに原子力施設を持つイランが決断すれば短期間で核弾頭を製造できると判断しているからだ。

イランの核開発は、イスラム革命前、パーレビ王朝時代に始まった。アメリカにとって、当時のイランはイスラム諸国のなかで最も世俗化された同盟国であったため、核保有への動きには鷹揚に目をつぶっていた。イスラエルも実質的な核保有国であり、他のアラブ諸国に対する抑止になるとも考えていた。イランは、一九世紀のグレート・ゲーム以来、一貫して反ロを標榜する国であり、当時のソ連邦への恰好な牽制にもなると判断していた節がある。

ところが、この国にイスラム原理主義革命が起き、イランとアメリカは仇敵の間柄になった。イランでは改革派のハタミ政権時代も含めて、保守派、改革派ともに核開発に反対する勢力は存在しない。そこには二つの要因がある。一つには、イランはシーア派のイスラム国家として核を保有したいという宗教的動機に突き動かされており、いま一つは、アラブの海の中に二一世紀のペルシャ帝国を復活させたいという民族的願望に駆られている。イランは周辺地域への影響力を拡大しながら、アラブの退潮と「新しいペルシャ帝国」の復興を目指しているといえる。

イランはすでに二〇％までのウラン濃縮技術を持っている。平和利用を目的とした原子力発電のためならば、五％のウラン濃縮で事足りるはずだ。そもそもイランには大量の原油と天然ガスがあり、エネルギー政策という観点では原発を必ずしも必要としない。エネルギー事情もさして逼迫していない。

ウラン濃縮を九〇％まで上げることができれば、広島型の原爆が製造可能となる。インテリジェンスの専門家の見解では、そのための技術的期間は約一年で十分だ。さらに一年あれば、この原爆を小型化し、イラン製弾道ミサイル「シャハブ３」に搭載できるようになると見ている。その射程範囲には、イスラエルと東西ヨーロッパがすっぽりと入る。ちなみに「シャハブ３」は北朝鮮の弾道ミサイル「ノドン」を基本に開発されたものだ。イランと北朝鮮が地下水脈でつながっていることも見落としてはならない。

イランの核開発問題をめぐりオーストリアのウィーンで続けられていた、イランと六カ国（米英仏独中露）の協議が、三回にわたって交渉期限を延長する異例の事態を経て、最終合意に達した。二〇一五年七月のことだ。アメリカのオバマ大統領は、この合意によってイランの核兵器保有への「あらゆる道筋を遮断した」と自画自賛している。だが、額面通りに受け止めるわけにはいかない。

合意内容の骨子を見てみよう。イランが現在保有している約一〇トンの低濃縮ウランを向こう一五年間で三〇〇キロに減らし、遠心分離機も約一万九〇〇〇基から六一〇四基に減らす。少なくとも一五年間は核兵器製造に使える高濃縮ウランを製造しない。さらに中部フォルドゥのウラン濃縮施設は研究施設に転換し、西部のアラク重水炉は兵器級プルトニウムを生産できないよう設計を変更する。また核爆弾一発分の濃縮ウランを二～三カ月で生産できる能力を、最低一年に延ばし、一〇年間はこれを続けると読むことができる。

査察・制裁については、IAEA（国際原子力機関）の追加議定書を履行し、施設の中告、未申告にかかわらず立ち入りを強化する。合意の履行をIAEAが確認できれば、アメリカと欧州連合は制裁を解除する。国連もイランに対する制裁の安保理決議を無効にする手続きをとる。ただし、合意の完全履行を求める新たな決議を行い、合意違反があれば制裁を再び科すとしている。

だが、この合意を詳しく見てみると、イランが遠心分離機を六一〇四基も保有することを依然として認めており、空爆によって破壊できない地下施設にあるフォルドゥのウラン濃縮施設も研究施設として存続することも認めている。今回の合意の核心部分は、核爆弾一発分の濃縮ウランを二～三カ月で生産できる現在の能力を、最低一年に延ばして、今後一〇年間はこの状態を続けるとしている点にある。

これはインテリジェンスの観点から読み直すなら、イランが真剣に核開発を行う決断を下せば、わずか一年後には原爆を持つ能力をアメリカが認めたということだ。

つまりイランにとって極めて有利な合意であり、イラン外交の勝利と言える。「イスラム国」の攻勢にさらされ、それを阻止するためにイランの助けを必要としているアメリカが妥協に妥協を重ねたことが窺えよう。

## イスラムの核という悪夢

各国のインテリジェンス機関にとって、サウジアラビアの原子力開発計画は、最も優先順位の高い分析対象になりつつある。最大の産油国サウジアラビアが、二〇三二年までに実に一六基もの原子力発電所を新設する計画を明らかにした。表向きの理由は穏当なものだ。将来、サウジの人口増加によって、エネルギー需要の増加が見込まれること。加えて、サウジにとって生命線ともいえる石油エネルギー資源を長期にわたって温存しておくのが狙いだと説明されている。だが、西側のインテリジェンス機関は、イランの核保有への対抗手段として、核オプションを持っておくことこそがサウジの真の狙いだと分析している。

近い将来、イランが核兵器を持つ「Xデー」に備えて、いま中東全域で異変が静かに進みつつある。イランの核武装は、すなわちイランが中東で覇権を握ることを意味する。スンニ派のサウジアラビアは、こうした事態を坐して待つ愚はおかすまい。

世界のインテリジェンス・コミュニティには、暗黙の了解がある。

「イランの核兵器保有が明らかになれば、サウジアラビアも核保有を宣言するだろう」

その根拠は「パキスタン・サウジアラビア秘密協定」だ。イランに核兵器があるという事実が確認されれば、サウジアラビアはパキスタンに置いてある核弾頭をすみやかにサウジアラビア領内に移転する――。サウジアラビアと核保有国パキスタンの秘密協定が発動されるというものだ。

財政力のないパキスタンが金食い虫といわれる核開発になぜ成功したのか。圧倒的な財政力を誇るサウジアラビアが背後で全面的に支援したからだ。パキスタンが開発した核弾頭の実質的なオーナーはサウジアラビアだと見ていい。

イランの核保有が引き金となって、サウジアラビアも核保有国となれば、これに続いてカタール、アラブ首長国連邦、オマーンなども次々にパキスタンから核兵器を購入する事態になるだろう。そうなれば、中東の大国エジプトも自力で核開発を手がけざるを得なくなる。

われわれはこれまで中東情勢を分析するにあたって、イスラエルを除いて「核のない中東」を前提としてきた。いまやその前提が脆くも崩れ去ろうとしている。核の拡散が中東の沙漠にとめどなく拡がっていく――。こうした悪夢がひとたび現実となれば、もはや誰もその流れを止めることはできまい。NPT（核不拡散条約）体制の崩壊の危機はすぐそこに迫っている。

サウジアラビアの統治体制は盤石とはいえない。パキスタンから核兵器が持ち込まれた後、「イスラム国」がサウジ王政を転覆させてしまえば、「イスラム国」の手に核兵器がわたることになる。これこそ「二一世紀の最大の悪夢」だ。

カリフ帝国を建設するためなら、「イスラム国」の指導者たちは核兵器を躊躇なく使用するだろう。アメリカのオバマ政権が「イスラム国」を撃滅するとしてイランと接近したことが、イスラムの核拡散の起爆剤になる危険を孕んでいることに、アメリカはどこまで気づいているのだろうか。アメリカのイランへの接近は、恐ろしいほどの近視眼的外交といえる。

現在の日本の外交政策もまた同様だろう。経済大国ニッポンは、ホルムズ海峡からの石油に八〇％以上を依存している。だが、日本に「イスラムの核」の危険を察知しているインテリジェンス専門家がどれだけいるだろう。

**インテリジェンスの要諦とは、想像すらできない事態を想定し、それに備えることにある。**

# Ⅶ

# 対テロリズムのインテリジェンス

## 風刺新聞社襲撃をどう読むか

パリの風刺新聞社『シャルリー・エブド』がテロリストの武装集団に襲撃された。編集会議のただなかに自動小銃を持った男たちが乱入し、編集長、編集者、風刺画家、さらには警備にあたっていた警官二人を含む一二人を射殺し、二〇人あまりが負傷した。二〇一五年一月七日のことだった。この事件に連動するようにモンルージュで警官が襲撃され、さらにはユダヤ食品スーパーも襲われる事件が次々に起きた。フランスの首都パリで同時多発的に凶悪なテロ事件が相次いだのである。フランスの特殊部隊は三名のテロ実行犯を射殺した。

『シャルリー・エブド』紙はこれまでも再三にわたってイスラム教の預言者ムハンマドを題材に風刺画を掲載し、イスラム教徒の強い反発を招いてきた。だがこの新聞は、ジハード戦士を嘲笑う風刺画を掲載し、イスラム過激派を挑発するかのような紙面づくりをやめなかった。今回の襲撃事件は、言論の自由を封殺するテロ行為だという声がヨーロッパを中心に巻き起こった。

「表現の自由を守れ」という訴えに応えて、フランスの各地では数万人規模の追悼集会が開かれた。フランスのメディアは共同で声明を発表して「フランスの国営ラジオ、テレビ、それにルモンド紙は、襲撃を受けた同紙が発行を継続できるよう必要な人的・物的手段の提供を惜しまない」と呼びかけた。

こうしたなかで、イギリスのSS（情報局保安部、通称MI5）のアンドリュー・パーカー長官は、ロンドンの本部で異例な記者会見に臨んだ。インテリジェンスの観点から、今回の連続テロ事件に言及し、興味ある見解を明らかにした。

「シリアに拠点を持つイスラム過激派組織が、欧米で無差別テロを計画中である。彼らは、大量の犠牲者を出すことを狙って、駅など人々が多く集まる交通機関や名所、旧跡などでのテロを企てようとしている。なかでもイギリスが彼らの標的となる可能性が高い。われわれ情報機関が事前に阻止できないおそれがある」

さらに詳細な情報が明らかにされた。

「およそ六〇〇名にのぼる英国籍を持つ者たちが、シリアでテロの戦闘員として戦っている。彼らの多くが、イラクからシリアにかけての一帯で活動しているテロの武装集団『イスラム国』に加わっている。『イスラム国』は、イギリスでテロを起こそうとしており、ソーシャル・メディアを巧みに利用しているとみられる。ここ数カ月だけで、三件のテロが未然に阻止されたが、依然として深刻なテロの脅威に直面している。こうしたテロと闘うのは決して容易ではない。こうしたテロの脅威が近い将来減ることはおそらくないだろう。われわれは各国と協力して最大限の警戒態勢を敷いているが、すべてのテロを阻止する望みはないと承知すべきだろう」

一般的には、パリの襲撃事件は『シャルリー・エブド』紙が掲載したムハンマドの風刺画がイスラム過激派を刺激し、今回の事件を引き起こしたと受け止められた。だがテロリストたちは、ムハンマドの風刺画にはなぜか一言も言及していない。掲載の中止も要求していない。今回の事件を引き起こしたテロリストたちは、明確な政治目的を持ち、合理的に行動していた。

その政治目的は、犯行中の彼らの発言に読み取ることができる。

「『イスラム国』をはじめとするわれらイスラムの地からフランス軍は撤退するように！」

ＳＳ（情報局保安部）のパーカー長官はこれらの声明を捉えて「イギリスは間違えてはならない」と釘を刺している。これは言論や表現の自由の問題などではなく、「イスラム国」からの一方的な宣戦布告と見るべきだと警告したのである。これこそ「グローバル・ジハード」の宣言であり、イギリス国民もそう覚悟すべきだと警鐘を鳴らしたのだった。

フランス政府もまた連続テロ事件を機に国際社会のゲームのルールが変わったという認識を示している。バルス首相は一月一三日に国民議会で「フランスは『テロとの戦争』に突入した」と宣言し、国内の治安対策を強化すると明言した。国境を越えたイスラム過激派のテロの脅威は一種の戦争であると述べ、連続テロ事件が「イスラム国」を支持するテロリストによって起こされたことは決して偶然ではないとしている。唯一神アッラーの法が支配するカリフ帝国を二一世紀世界に建設するためには手段を選ばない。

「イスラム国」こそ、新たなイスラム革命の拠点と受け止めるべきだろう。

## インテリジェンス思考のロジック

日本人を人質に取った——。

黒い覆面を被った「ジハーディ・ジョン」が「イスラム国」の動画サイトに姿を見せてこう告げた。パリの同時多発テロの衝撃がさめやらぬ二〇一五年一月二〇日のことだった。

「七二時間以内に二億ドル（日本円にして約二三六億円）の身代金を支払わなければ、人質の湯川遥菜さんと後藤健二さんを殺害する」

こう予告したのだった。

これより三日前、安倍総理は外遊先のエジプト・カイロで演説し、中東諸国への支援を表明した。

「『イスラム国』と闘う周辺各国に、総額で二億ドル程度、支援をお約束します」

安倍総理は「イスラム国」の脅威にさらされているイラク、シリア、トルコ、レバノンといった周辺国に難民支援の名目で資金協力を申し出たのだった。だが、「イスラム国」側はそれを逆手に取るように、日本人人質の身代金は支援額と同じ二億ドルだと提示してみせた。日本政府は身代金を支払うべきか否か。日本国内では烈しい議論が巻き起こった。

インテリジェンスの視点からこの要求を検証してみよう。

こうした問題を検討するにあたって、暗黙の前提がそもそも誤っていることがある。また検証できない前提に依拠しているため、答えが初めから存在しない擬似命題のケースもある。設問に含まれている誤った前提に気づかず、そのまま推論を進めていけば、矛盾する状況に直面してしまう。

「ウサギの角の先は尖っているか、それとも丸いか」という設問が擬似命題の典型的な例だろう。そもそもウサギには角がない。ゆえにこの設問自体が成立せず、従って解答も存在しない。

**インテリジェンスの思考の基本は「ロジック」にあり。筋道の通った論理が成り立たない場合は、前提に事実誤認があると考えるべきなのである。**そうすれば、ウサギの角は丸いか、尖っているかといった擬似命題に足をすくわれずに済む。

「七二時間以内に身代金として二億ドルを支払え」というテロリストの要求は、まさしく擬似命題だった。論点を怜悧に整理してみれば、設問に含まれる矛盾点が見えてくるはずだ。身代金の支払いに銀行送金は馴染まない。現金か金塊で支払うのが通常だ。百貨店で用いる紙袋に一〇〇ドル紙幣を一杯に詰めると約五〇万ドルになる。二億ドルは四〇〇袋に相当する。しかも新札は追跡されやすく、テロリストが受け取りを拒否する可能性がある。したがって連番でない使用済みの一〇〇ドル紙幣を準備しなくてはならない。七二時間以内にこれだけ大量の紙幣を集めることは事実上不可能だ。紙幣の総重量は約二トンにもなる。身代金を金塊で準備すれば約五トンの重量になる。合理的に考えれば、これだけ大量の紙幣や金塊を密かに現地に運搬し、受け渡すことは不可能である。この時点で信頼できる仲介役も見つかっておらず、受け渡しの場所も相手も特定されていなかった。こうしてみれば「イスラム国」の身代金の要求は、実現不能な事態を前提にしていたことがわかるだろう。

このように論理的に考えれば、テロリストの目的がカネではないことがわかる。「イスラム国」側はそもそも「身代金を払えば人質を解放する」という取引を考えていないと理解すべきだ。

そうならば、彼らの真の目的は何か。「イスラム国」が設定した土俵で日本政府やメディアを翻弄することにあったと見るべきだろう。

日本政府がどれだけ力を尽くしても、「イスラム国」が描いたシナリオを阻止することはできない——そうしたイメージをつくりあげ、日本国民に無力感を抱かせる。それこそが狙いだったと見るべきだろう。しかし、日本のマスメディアや有識者は、要求が擬似命題であることに気づかず、「身代金を支払うべきか否か」という議論に精力を費やしてしまった。「イスラム国」に思うさま踊らされてしまったのである。

**「ロジック」というインテリジェンスの眼を持てば、擬似問題に振り回されて相手の意図を読み誤らずに済む。**

## 「人道援助」の二重性

**インテリジェンスを学ぶことの意義は何か——。**

そう問われれば、**国際社会に映った自画像を怜悧に描くことができるようになること**だ、と答えたい。今回の人質事件を通じて、日本政府が考えている「人道支援」なるものは、国際社会が考えるそれとはかなりの落差があることが明らかになった。

安倍総理はカイロ演説で「『イスラム国』と闘う周辺各国に、総額で二億ドル程度、支援をお約束します」と述べた。そして「イスラム国」側がその報復として二億ドルの身代金を要求してくると、エルサレムでの記者会見で安倍総理は「この二億ドルは、避難民が最も必要としているものであり、彼らの命をつなぐための支援だ」と釈明した。人道支援は非軍事なものであり、丁寧に説明すれば理解してもらえると思い込んでいた節がある。

まず、対「イスラム国」戦略にあって、「人道支援」なるものがいかなる意味を持っているかを明らかにしてみよう。

「イスラム国」を解体するには、二つの戦いが必要になる。第一は、空爆によってテロリストの拠点をたたき、徹底して無力化することだ。だが、テロリストの側は、無辜《むこ》の住民を巻き込んで人間の盾を作り、必死に生き残りを図っている。「イスラム国」の拠点を攻撃する空爆、とりわけ「ドローン」を使った空爆は、テロリスト組織に大きなダメージを与えているが、同時に地域住民にも多くの犠牲者を出してしまう。

アメリカをはじめとして、空爆を実施する有志連合にとっては、日常の暮らしを破壊された周辺住民を救済するための「人道支援」は確かに重要である。テロルの恐怖に支配され、そのもとで暮らしたいなどと望む住民は皆無だろう。にもかかわらず約八〇〇万人といわれる人々が「イスラム国」の領域内に留まっているのはなぜか。イラクのシーア派政権やシリアのアサド政権の支配下で暮らすよりはるかにましだと考えているからだ。「イスラム国」の支配地域から逃れた場合、生命を確保し、日々の暮らしをどう立てていくのか不安なのだろう。

こうした情勢下では、日本からの「人道支援」は、「イスラム国」にとって自らの支配地域から逃れる重要な環境を提供することを意味する。その意味で、彼らの目には「空爆」と「人道支援」は、一体のものと映っているのである。つまり「人道支援」は「イスラム国」解体のための第二の戦いなのだ。となると周辺国への「人道支援」こそ、「イスラム国」を内部から崩壊させる重要なテコとなる。そうならば、「イスラム国」にとって「人道援助」とは軍事行動に等しいものなのである。

一方、日本政府には「人道目的であれば、爆撃機で空襲するのと違い、テロ組織の武装勢力にもきっと理解してもらえるはずだ」という思い込みがある。これこそ典型的な反知性主義といえる。客観的、実証的に眼前の事実を見据えることをせず、主観的願望で現実の世界を解釈しようとする幼稚な態度だと受け取られても仕方があるまい。

## テロリストの内在論理を読む

相手が突き付けてくる要求が果たして実現可能なものか否か——。

これを見極めることこそ、人質交渉の要諦である。それゆえインテリジェンス・オフィサーは、テロリストの内在論理に精通していなければならない。テロ組織の要求内容を精緻に分析し、総合的に検証してみる必要がある。

こうした実現性の視点から今回の日本人の人質事件をみてみよう。「イスラム国」が突き付けてきた身代金の要求は到底実現可能なものではなかった。さらに続いて出された人質交換の要求でもまた、テロ組織にはそもそも取引を実際に行う意図はなかったと見るべきだ。

後藤健二さんが湯川遥菜さんの殺害写真を持った映像がインターネットに公開されたのは二〇一四年一月二四日だった。その段階で、日本政府への要求は、身代金からヨルダンの刑務所に収監されているテロリスト、サジダ・リシャウィ死刑囚の釈放に変更されていた。リシャウィ死刑囚は二〇〇五年、ヨルダンの首都アンマンのホテルで自爆テロを敢行した実行犯だ。その三日後、後藤さんが「私には二四時間しか残されていない」と訴える動画が掲載された。一方、ヨルダン政府にとっては、リシャウィ死刑囚と人質を交換するなら、まずはヨルダン空軍のパイロット、カサースベ中尉でなければならなかった。中尉は、前年の一二月に「イスラム国」の拠点を空爆して撃墜され、彼らの手に落ちたのである。「イスラム国」側は、リシャウィ死刑囚を一月二九日の日没までにトルコ国境に近い「イスラム国」の支配地域に連れてくるよう求めてきた。

一連の要求を分析してみよう。そもそもテロリストの論理として、「イスラム国」側が、自爆テロに失敗したリシャウィ死刑囚の解放を要求するはずがない。彼女は救出に値するような死刑囚ではなかったからだ。自爆テロに失敗した末に逮捕され、その後ヨルダンの法廷で『イラクのアルカイダ』がテロを実行した」とする重要証言をしている。リシャウィ死刑囚は「イスラム国」にとって決して英雄などではない。むしろ裏切り者とみなされるべき存在だ。

ではなぜ彼らは後藤健二さんとリシャウィ死刑囚の交換を求めたのだろう。インテリジェンス感覚が研ぎ澄まされた者なら、そこには「イスラム国」の別の目的が透けて見えてくるはずだ。ヨルダン政府は日本の要請を受けて後藤さんに加えてカサースベ中尉とリシャウィ死刑囚の交換交渉を進める構えを見せていた。カサースベ中尉と後藤健二さんを抱き合わせの形でリシャウィ死刑囚と交換する「二対一」の交換案が浮上したのだった。

だが「イスラム国」側は、あくまで後藤さんとリシャウィ死刑囚の「一対一」の交換を譲らなかった。その後、ヨルダン政府は「カサースベ中尉の生存が確認されれば、リシャウィ死刑囚を釈放する」というところまで譲歩してきた。カサースベ中尉の「解放」と言わなかったところに事態を読むヒントが隠されていた。

ヨルダン国内では、国家の命令で前線に赴いたカサースベ中尉を見捨てて、日本人の人質解放を優先するのかという不満の声が巻き起こった。一方でヨルダン政府が人質交換を拒めば、後藤さんが殺害されてしまう。「イスラム国」は、いずれの場合でもヨルダン王政に揺さぶりをかけられる。彼らの真の目的はヨルダンの統治体制を弱めることにあったと見るべきだろう。

インテリジェンスの視点から一連の経緯を分析してみると、二つの重要な問題が浮かび上がってくる。

第一は、ヨルダンの情報大臣が「カサースベ中尉が生きているという証拠を示せば、リシャウィ死刑囚を釈放する用意がある」とテレビ・カメラの前で述べたことだ。これを受けて日本のメディアでは交渉が前進したと報じたのだが、事態の核心を見逃している。

極秘であるべき交渉で、ヨルダンの情報大臣がメディアを介して相手に交渉条件を提示することなどありえない。これは交渉のパイプが機能してないことを示すものだった。確たる交渉ルートが確立されていないため、メディアを介してやり取りするという形をとったのである。

第二には、「イスラム国」がヨルダン政府の条件を呑んで、カサースベ中尉の生存証拠を出したと仮定してみよう。中尉の身柄を奪還できないまま、日本人の人質だけを助けたとなれば、脆弱なヨルダンの統治体制は到底もたない。怒りの矛先がヨルダンのハッシーム王家に向けられるのは明らかだ。

ヨルダン当局は「生存が確認できれば」と述べた段階で、すでにカサースベ中尉が生きていないことを知っていたのである。インテリジェンスの視点からは、そう結論付けていい。「イスラム国」は二月に入ってカサースベ中尉を焼き殺した様子を撮影した映像を公開した。ヨルダンの情報当局としては、その一ヵ月前に中尉が処刑されていた事実を知っていた、と後に述べている。「イスラム国」の兵士が何十人も見ている前で中尉を焼き殺し、その後、穴に埋めた大がかりな処刑の様子が外部に漏れないはずがない。ヨルダンの情報当局は、イスラエルの情報機関モサドと緊密な協力関係にあり、選り抜かれたヒューミント（人的情報源）のネットワークを持っている。ヨルダン政府としては、情報の真偽を確かめるために後藤さんの事件を使ったのだろう。

ヨルダンとイスラエルは長い国境を接し、両国の軍と情報機関の関係は非常に良好だ。イスラエルは先端軍事技術を誇り、ヨルダンはシリアに長年にわたるヒューミントを行っている。イスラエルはヨルダン・シリア国境にドローン（無人航空機）を出撃させ、「イスラム国」のヨルダンへの攻撃を監視、警戒している。ヨルダンが「イスラム国」から深刻な脅威を受けた場合は、イスラエルはヨルダン防衛に打って出るという暗黙の約束があるとも言われるほど両国の間柄は密接だ。

友好国であるヨルダンの王政が堅固であることは、イスラエルの安全保障に死活的に重要である。「イスラム国」は当面、イスラエルを標的にしていない。だが、イスラエル国内のパレスチナ人居住区に「イスラム国」系の組織があることを情報当局はすでに確認し警戒を強めている。グローバル・ジハード思想は、どのように国境を軍隊で固めても、静かに国内に浸透してくることは避けられない。

イスラム教国であるヨルダンは、「イスラム国」との戦いにあたって、イスラエルの支援を受けている事実が表に出るのは避けたいと考えている。イスラエルの支えこそヨルダンの王政が存続するために欠かせないのだが、それだけにヨルダン国内のイスラム教徒の敵意が王政へと向かう危険も孕《はら》んでいることを知り抜いている。

## イスラエルに縋りつくヨルダン

**流動化の様相を深めている中東地域にあって、明日の事態を読み解くキー・ファクターの一つはヨルダンにあると断じていい。**

二〇一四年七月、パレスチナのガザ地区に拠点をもつイスラム原理主義組織ハマスが宿敵イスラエルに対してかつてない烈しい攻勢に出た。戦闘の規模は大きく、犠牲者も多数出たため、日本でもニュースとして報じられた。だが、一連の戦闘が「中東の柔らかい脇腹」と形容されるヨルダン情勢と分かちがたく結びついていることに触れた報道はない。こうした分析を可能にするには「インテリジェンスのプリズム」が必要なのである。

イスラエル人の少年らが誘拐されて殺された二〇一四年六月の事件がすべての発端だった。イスラエル政府は「イスラム原理主義組織ハマスの犯行だ」として即座に報復に打って出た。これに対してハマス側もただちに反撃し、果てしなき武力衝突が繰り返されていった。

七月に入ってハマスがロケット弾をイスラエル領に撃ち込むまでに戦闘がエスカレートした。これを受けてイスラエル軍はガザ地区にあるハマスの拠点に大がかりな報復の空爆を敢行し、子供や女性を含む多くの一般市民まで犠牲となった。ハマスの側は、イスラエルにロケット攻撃を仕掛ければ報復を招き、たちまち自陣営に一〇〇〇人規模の犠牲者が出ることはわかっていたはずだ。にもかかわらずハマスが強硬策に出た狙いは何だったのか。

ハマス側の「ロジック」を読み解く鍵は、ヨルダン王政の脆弱な内実にある。ヨルダンは一九四六年の独立以来、立憲君主制を敷いてきた。王家であるハッシーム家はイスラム教の預言者ムハンマドの直系という高貴な血筋を受け継いでいる。現在のアブドッラー国王は数えて四三代目にあたり、中東のイスラム国家群にあっては穏健派を代表している。

だが、国民のなんと七〇%がパレスチナ系の難民によって占められ、一五%が沙漠の民ベドウィンであり、残りわずか一五%がアラブ系住民なのである。近年は、動乱が続くシリアからの難民が急増し、人口の一〇%を占めるまでになっている。近隣の産油国とは異なり、国内から石油は産出せず、財政基盤は極めて脆弱だ。

非産油国ヨルダンは、経済援助を得るためにも欧米諸国と緊密な関係を保って生き延びなければならない。それゆえ、アラブ諸国のなかにあって、ヨルダンはイスラエルと国交を結んでいる特異なイスラム国家だ。水資源に恵まれないヨルダンは、イスラエルとの平和条約によって、イスラエル北部のティベリアス湖から毎年約三五〇〇万立方メートルの水甕《みずがめ》を確保している。これとサウジアラビア国境近くの地下水と合わせて、首都圏の生活水を辛うじて賄っているのである。ヨルダン王政は、経済的にも、軍事的にも、そしてインテリジェンスの分野でも、イスラエルに深く依存して生き延びてきた。パレスチナ系住民を数多く抱えながら、イスラエルとも友好関係を保つという、精妙な舵取りによってヨルダン王政は何とか命脈を保ってきたのである。

こうした情勢を根底から揺るがしたのは、チュニジアとエジプトに端を発した「アラブの春」だった。二〇一一年には、ヨルダンの首都アンマンでも大がかりな反政府デモが巻き起こり、時の内閣が総辞職に追い込まれた。アブドッラー国王一族の豪華な生活にも批判の矛先が向けられ、従来は一切タブーとされた王室批判に発展していった。

## 中東の弱い環・ヨルダン

二〇一五年四月、イスラエルはハイファ沖で採掘した天然ガスを、今後一五年にわたってヨルダンに輸出する計画を承認した。イスラエルが天然ガスを外国に輸出するのは初めてのことだ。ヨルダンを支えることは自らの安全保障に資すると考えている証左だろう。ヨルダンは従来エジプトから天然ガスの供給を受けていたが、エジプトの政情不安でエネルギー面でもイスラエルへの傾斜を強めている。

ヨルダンは、イスラエルとの堅固な関係があればこそ、アメリカからより多くの軍事的支援を引き出すことができると考えている。ヨルダン王政はいまや、イスラエルとアメリカに深く依存して生き延びている。こうした構図を理解していなければ、ハマスがイスラエルに攻撃を仕掛けて、ヨルダン王政に揺さぶりをかけた真の意図を正確に読み取ることはできない。まさしくヨルダン王家こそ、「中東の最も柔らかい脇腹」なのである。

イスラエルの庇護のもとにあるヨルダン王政をいつまでも存続させれば、中東地域に真のイスラム国家はいつになっても建設できず、パレスチナ人民の権利も永遠に手に入らない――。そう考えたハマスは、いまこそヨルダン王政を転覆する絶好の機会だとみて、背後からヨルダン王政を支えるイスラエルへの攻撃に踏み切ったのだった。

ハマス側が読んだ通り、イスラエル側はガザ地区への侵攻作戦に踏み切り、二〇〇〇人以上のパレスチナ人が犠牲となった。ヨルダンに暮らす多くのパレスチナ系市民にとっては、イスラエルがパレスチナの同胞を次々に殺戮している光景は耐え難いはずだ。イスラエルと手を握り、その庇護のもとにあるヨルダンの王家をいまこそ打倒すべし――。今回のハマスの攻勢には、そんな狙いが込められていたのである。

ハマスは「イスラム国」と水面下で繋がりを持ちながら、現下の中東情勢を一層の混迷に向かわせようとしている。それを裏付けるように「イスラム国」は「われわれが建設を目指している神の国にヨルダンを組み込んでみせる」と宣言している。

## エジプトを狙う「イスラム国」

「イスラム国」にとって、ヨルダンと並ぶもう一つの標的は中東の軍事大国エジプトである。それを象徴するような事件が二〇一五年二月一五日にリビアで起きている。リビアに出稼ぎに来ていたエジプトの労働者二一人が「イスラム国」に連なるテロリストの武装集団に殺害された。犠牲者はキリスト教の一派、コプト教徒だった。殺害の現場を撮影した映像が彼らのサイトを通じて公開された。

「イスラム国」はエジプトにも宣戦を布告した――インテリジェンスの視点で見れば、コプト教徒殺害事件の本質をこう断じていいだろう。コプト教とは、原始キリスト教から派生したエジプト独特のキリスト教の一派であり、カトリックや正教などカルケドン派の教会とは別の流れの東方教会の一つである。正教会とはすなわち正統派であり、コプト教徒はこうした正教会の枠に収まりきらない非主流派のキリスト教徒なのである。

イスラム諸国はカトリック教会を弾圧する一方で、カトリックや正教の教会から破門されたコプト教会やヤコブ派教会などは大切にしてきた。エジプトという国は、イスラム教徒だけでなく、こうしたコプト派のキリスト教徒も同じエジプト人として扱ってきた。コプト教徒はエジプトの総人口の一〇～一二％を占め、決して無視できない存在なのである。

コプト教徒の殺害事件が起きた翌早朝、エジプト軍はリビア国内の「イスラム国」の拠点に報復の空爆を敢行した。「イスラム国」にとっては狙い通りの報復を引き出したと言っていい。エジプトの軍事政権は、異教徒であるコプト教徒たちの利益を優先して、かくも速やかな攻撃に踏み切ったと宣伝できるからだ。とりわけ、エジプト国内のイスラム原理主義勢力、ムスリム同胞団に照準を絞って強烈なメッセージを発することで、エジプトの国内に亀裂を入れて現政権を弱体化させるのが狙いだったと読むべきだろう。

エジプトとヨルダンは、アメリカの中東外交の礎である。アメリカの最重要の同盟国イスラエルと国交を結んでいるのは、アラブ諸国ではこの二つの国に限られる。「イスラム国」の狙いは、中東情勢の鍵を握る二つの国の政治体制を揺るがすことにあると見ていい。

## 「イスラム国」化するリビア

「イスラム国」に繋がるテロの武装集団がなぜリビアを次なる戦闘の舞台に選んだのか。

インテリジェンスを学ぶ者にとっては、彼らの意図を読み解くことはさして難しくないはずだ。リビアでは、二〇一一年、カダフィ政権が民主化を求める反政府デモを弾圧したことがきっかけで、北大西洋条約機構（ＮＡＴＯ）による大規模な空爆を受けた。その結果、カダフィ大佐が永きにわたって独裁体制を敷いてきた政権はついに崩壊し、いまも事実上の無政府状態に陥っている。

リビアでは現在、二つの政府と二つの議会が併存する。イスラム過激派の政府は首都トリポリに居座り、公式の政府は東部の都市トブルクに存在している。国家の統治機能はすべて麻痺したままで、法的機関、治安機関なども機能していない。住民は極度に不安定な状態に置かれたまま不自由な暮らしを強いられている。そこかしこに点在する権力の空白地帯を埋めるようにイスラム過激派のテロ組織がアメーバのように増殖しつつある。

中東からアフリカにかけて「イスラム国」に繋がる武装組織が勢力を伸ばしている一帯は、どこもリビアと同じような病弊を抱えている。宗派間のとめどなき対立に端を発した政情不安である。とりわけイラク、シリア、リビアは、重篤な病に冒されて国家の統治システムが機能していない。

リビアのカダフィ政権の打倒に中心的な役割を果たしたのはＮＡＴＯ諸国だった。フランスなどが中心になって反カダフィ派に武器・弾薬を大量に支援したため、この地域一帯には重火器が氾濫していたこともイスラム過激派に有利となった。彼らはそれらの武器を手に入れて強力な武装集団となっていった。

それらの武装組織の一つが「アンサール・アル・シャリーア」である。首都のトリポリから約一〇〇〇キロの東、エジプト国境に近いリビア東部のベンガジやデルナで勢力を伸ばしている。二〇一二年九月、ベンガジのアメリカ領事館を襲撃した犯行グループとして報じられた。

二〇一四年一〇月には、「アンサール・アル・シャリーア」のデルナ一派は、「イスラム国」に忠誠を表明した。リビアの要衝デルナはアフリカ大陸における「イスラム国」の玄関口となった。武装グループの車両が「イスラム国」の旗を翻して街中を走っている。ここは「イスラム国」がイラク・シリアの域外に持つ「もうひとつの領土」と言っていいだろう。

日本の国民もメディアも、核兵器の拡散にはことのほか神経質だといわれてきた。だが「カダフィの核」については驚くほど知られていない。カダフィ支配下のリビアは、北アフリカでは最大の産油国であり、豊かな油田に支えられて財政赤字のない豊かな国だった。この国を治める独裁政権は巨額の闇資金を蓄えていた。カダフィ大佐はこの資金を使って、密かに核兵器の開発を進めていたのである。

二〇〇三年の春、カダフィ大佐はもう一人の独裁者、イラクのサダム・フセインがアメリカによって倒されるのを目の当たりにした。イラクが核兵器など大量破壊兵器を密かに隠し持っていることがイラク攻撃の大義名分とされた。これに衝撃を受けたカダフィ大佐は、明日はわ

## 「イスラム国」の支持・忠誠を表明した過激派がいる国

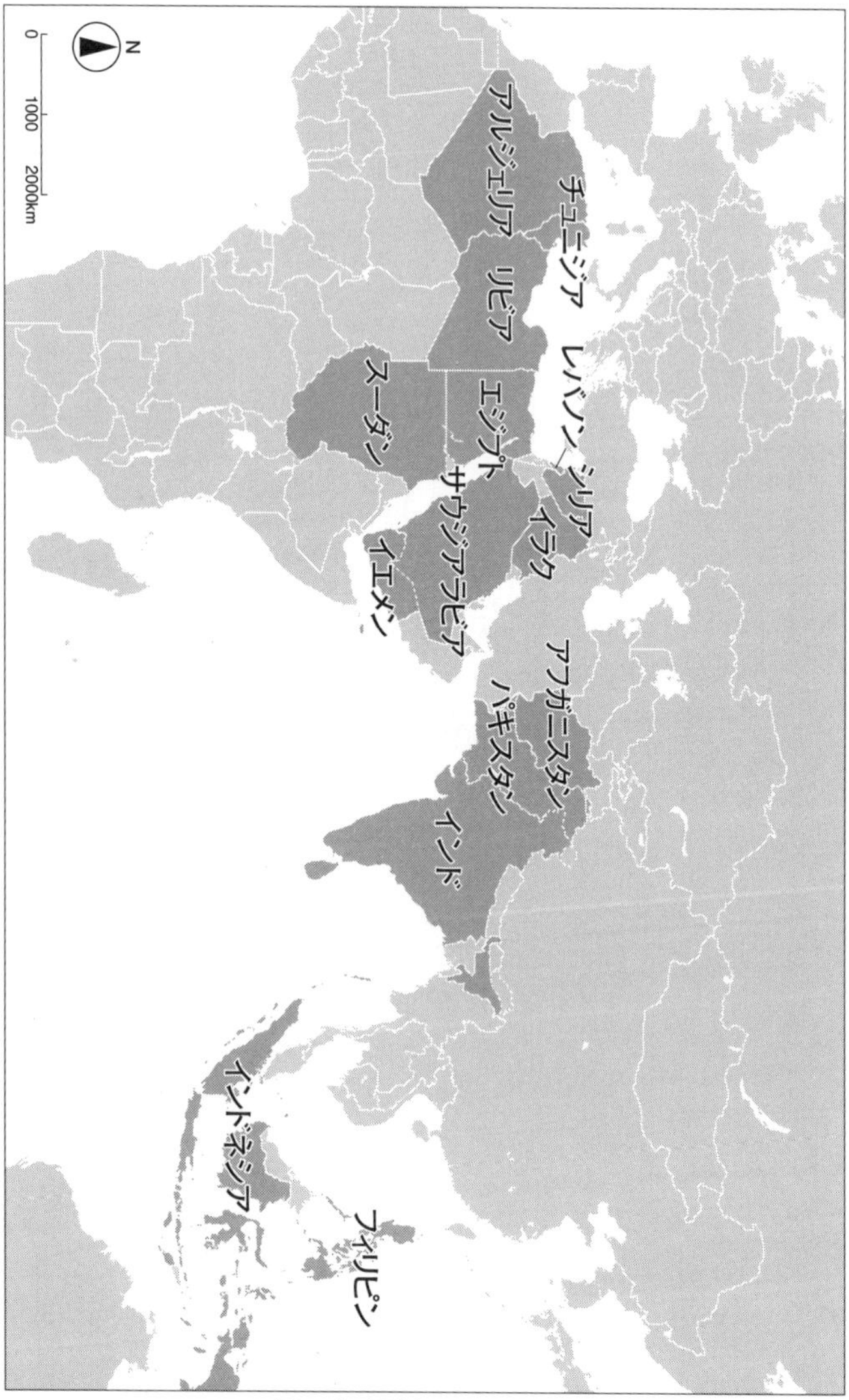


（2015年5月現在。アメリカ・インテルセンターの資料を参照に作成）

が身と震えあがった。そして、一つの重大な誤りを犯してしまった。

カダフィ大佐はかつてイギリス空軍の学校に留学し、ロイヤル・エアフォースやインテリジェンス機関に独自の人脈を持っていた。イギリスのＳＩＳ（秘密情報部、通称ＭＩ６）を仲介役に頼んで、アメリカのブッシュ政権と交渉することを決断した。リビアは核兵器の研究・開発を中止し、核兵器関連の施設をすべて廃棄することを申し出たのだった。ブッシュ大統領は、イラクのサダム・フセイン政権を倒した後も、イラク国内から大量破壊兵器が見つからず、苦境に立っていた。こうしたなかで届いたカダフィ大佐の密かな告白に驚喜した。「イラク戦争の最大の成果の一つ」と自ら記者会見に臨んで誇らしげだった。二〇〇三年一二月のことだった。

この時、欧米のメディアは、ブッシュ会見を冷ややかに扱った。だが、今日のリビアの状況を見れば、二〇〇三年当時、リビアに核兵器を放棄させていたことがどれほど重大な意味を持っていたのかがわかるだろう。カダフィ政権が核兵器を隠し持ったまま倒れていれば、「イスラム国」の手に核兵器が渡っていた可能性も否定できない。「イスラムの核」が真っ先に「イスラム国」の手に渡る——これは二一世紀世界の悪夢そのものだ。

一方、「サダム・フセインの死」から全く逆の教訓を学んだのが、北朝鮮の独裁者、金正日《キムジョンイル》だった。当時のブッシュ政権は、イラク、イランと並んで北朝鮮を「悪の枢軸」と位置付けながらも、北朝鮮の核をアメリカの安全保障を根底から脅かすものとは考えていなかった。加えて、ブッシュ政権の中枢を握っていたネオコン（新しい保守主義者）は、イラクをこそ主敵とみなしていた。このため、北朝鮮を相手とする核交渉は、国務省の官僚だった凡庸なクリストファー・ヒル国務次官補に委ねてしまっていた。

北朝鮮の独裁者は実にしたたかだった。アメリカ議会のご機嫌ばかりを伺って、小さな成果を求めたがるヒルを手玉に取って、アメリカの攻勢を見事に凌いだのだった。核を放棄するどころか、プルトニウム型核弾頭に加えてウラン濃縮型爆弾の製造にも手を染めつつある。そしていまや、核弾頭の小型化に成功し、アメリカ大陸を射程に収めた長距離弾道ミサイルを開発したと豪語するまでになっている。もっとも、アメリカ大陸まで届く長距離弾道ミサイルの開発に成功したというのは北朝鮮のハッタリだ。

カダフィは核兵器を放棄したために、ＮＡＴＯ軍は安んじて空襲を敢行し、独裁政権は崩壊した。これに対して北朝鮮の金王朝は核兵器を保有することでなお存続している。

**インテリジェンスを武器に二一世紀の情勢を分析するにあたっては、「核ファクター」が決定的な重みをもっていることがわかるだろう。**

## 「逆オイルショック」の陰に

インテリジェンス感覚が研ぎ澄まされた企業はと問われれば、真っ先に石油メジャーを挙げなければならない。ロイヤル・ダッチ・シェル石油などはインテリジェンス企業の代表格だろう。原油価格こそ国際情勢をくっきりと映し出す鏡であり、それゆえ、石油メジャー各社は多くの優れたインテリジェンス・オフィサーを擁し、原油という視点から近未来という名の水晶玉を覗いている。

二〇一四年に入ってじりじりと値を上げていた原油価格は、六月に至ってさらに急騰し、ついに一バレルあたり一〇八ドルに迫る高値をつけた。だが、ここが天井だった。原油価格は徐々に値を崩して下げ続け、一〇月中旬には一バレル八四ドル、さらに一一月になると七六ドル、翌年一月にはついに四〇ドル台にまで落ち込んでいった。歴史的な原油安となったのである。世界経済に与える影響が極めて大きい原油価格だけに、この原油安をどう見るかをめぐって様々な分析が試みられた。

日本のエネルギー専門家の解説は、極めて常識的なものだった。世界的に石油がだぶついており、供給過多が原油安の要因だというのである。まずイランやイラクが原油のダンピング攻勢をかけ、アメリカもシェール・オイルの増産で国内に石油が余り気味だ。このため、シェール・オイル企業は、一部の原油を加工品に仕立てて禁輸の枠外とし輸出を試みている。こうした石油の供給過剰に加えて、ＥＵの経済は停滞気味で、中国経済の減速も重なって石油需要が低迷しているという。

だが、こうした日本の専門家の見解には、地政学上のリスク、さらに言えば、インテリジェンスの視点がすっぽりと抜け落ちている。石油の供給がだぶついているなら、生産調整を断行して供給量を減らせばいいはずだ。現にＯＰＥＣ（石油輸出国機構）は従来からこうしたタイミングで生産調整を実施し原油の値崩れを防いできた。

ところがＯＰＥＣは、二〇一四年一一月に総会を開いたものの、最大の産油国にして意思決定に絶大な影響力を誇るサウジアラビアが減産に動かなかった。生産調整を主張する一部の産油国を押さえて、日量三〇〇〇万バレルとする生産枠を維持することで会議を取りまとめてしまった。その結果、原油安は決定的な流れとなったのである。

サウジアラビアはなにゆえ原油価格が下落する事態を容認したのか。アメリカのシェール・ガスを標的にして採算割れに追い込もうとしているからだ――。日本のメディアは、まことしやかにこんな解説を記事にしている。確かにＯＰＥＣ総会では、サウジのヌアイミ石油相が、シェール・ガス・ブームを牽制して減産に反対した。サウジアラビアがアラビア湾を挟んで対峙するイラン産石油を苦境に追い込み、あわせて最大の原油輸出国ロシアを標的にしたという説までがメディアに流布した。

しかし、これらの解説には「イスラム国」の存在が視野に入っていない。「イスラム国」は油田地帯を制圧して原油を盗掘し、トルコの業者などを使って石油を密売して利益を上げている。そうして得た巨額の利益をテロ活動の資金源にしているのである。

二〇一四年一〇月、アメリカ財務省に在ってテロ資金やマネー・ロンダリングの監視を担当するコーエン次官は、ワシントンで次のように警告した。

「いまや『イスラム国』は、シリアからイラク一帯にかけて、占領した油田から汲み上げた原油を密売し、一日にして一〇〇万ドル（日本円にして一億二〇〇〇万円相当）の利益を得ている」

さらにコーエン次官は、彼らが石油を密売する手口まで詳しく明らかにし、国際社会の重大な脅威になっていると述べている。

「彼らは石油を大幅に値引きして、トルコの仲介業者などに引き渡し売り捌《さば》いている。その仲介業者がさらに石油を転売している」

「イスラム国」が盗掘した石油は、中東の闇市場を介して流通しており、イラク北部のクルド人の手を経てトルコ国内に持ち込まれているという。その一部はシリアのアサド政権の手にさえ渡っていると指摘している。アメリカ財務省のインテリジェンス・マスターがここまで詳細な説明をする以上、現地の情報源からは確かなリポートが届き、様々な手段で裏付け作業を行っているとみるべきだろう。

「イスラム国」の密輸石油など、世界の石油取引量からみれば、微々たるものにすぎない。しかもアメリカ軍を中心とした「イスラム国」の石油施設への空爆によって彼らの実入りは減りつつある。にもかかわらず、「イスラム国」の盗掘石油は、産油国サウジアラビアとその統治体制に影を落としているのである。「イスラム国」の脅威があるうちは、サウジアラビアも生産調整を行って原油価格を引き上げ、テロリストの懐を豊かにするわけにはいかない。

## 「サウジ減産」のプーチン流解釈

サウジアラビアが生産調整を見送ったことに対して、二〇一四年一一月、ロシアのプーチン大統領が記者団に実にニュアンスに富んだ発言を行った。

「原油価格には常に政治的要素がある。価格が変動すると『してやったり』と思う勢力がいる」

超大国の動きが背後にある政治的陰謀だと示唆したのである。具体的言及は避けたが、ロシアでは今回の原油価格下落は「アメリカとサウジアラビアが仕掛けた秘密工作」（『コメルサント』紙）とする見方が有力だ。

しかし、石油価格の下落は、ロシアだけでなく、サウジアラビア、そしてアメリカに与えるダメージも大きい。バレルあたり五〇ドルを下回る原油安を人為的に維持するとすれば、アメリカはシェール・オイル産業を自ら苦境に追い込むようなものだ。こうした読み筋は合理的とはいえまい。

一方で、ロシアがこうした陰謀説を唱えるには相応の理由がある。

かつてアメリカとサウジが協力して原油価格を大幅に下落させた前例があるのだ。一九七九年のソ連軍アフガニスタン侵攻後、レーガン政権はサウジアラビアに対し、ソ連経済に打撃を与えるため原油価格引き下げを要請した。一九八五年、イスラム同胞であるアフガンへの侵攻に激怒していたサウジアラビアはこれを受けて、原油の大増産に着手した。八〇年代の半ばから九〇年代末にかけて、原油価格は一バレルあたり三二ドルから一〇ドルまで急落した。これがソ連経済を直撃し、エリツィン改革の失敗につながっていった。

共産党の機関紙『プラウダ』は「オバマはサウジにロシア経済を破壊させたがっている」というヘッドライン記事を掲載した（二〇一四年四月四日付）。そのなかで「両者の共謀がソビエト連邦の崩壊を招いた前例がある」と述べている。原油価格の下落こそソ連崩壊の真の原因だった。

二〇〇九年一二月にゴルバチョフ元ソ連大統領が来日したとき、「ソ連崩壊の原因をたった一つ挙げるとしたら何でしょうか」という質問を佐藤優がしたことがある。ゴルバチョフ元大統領は「サウジアラビアに対して、われわれはあまりに無知だったということだった」と応じたのだった。

冷戦のさなか、サウジアラビアはアメリカの意を受けて原油の増産に踏み切った。その結果、国際市場では原油価格が大きく値下がりした。当時のソ連は、カナダやアメリカから大量の穀物を買いつけていたため、食糧管理の財政はみるみる悪化して赤字が膨れ上がっていった。冷戦の終盤にアメリカはＳＤＩ（戦略防衛構想）を立ち上げた。ソ連は苦しい台所事情を押して、それに対抗しようとした。一方、イギリスのサッチャー英首相（当時）は、暮らしぶりが厳しいソビエト市民に人道支援を申し出た。そして、その見返りに人権の尊重など民主化を求めたのである。結局、ソ連は負のスパイラルに巻き込まれ、体制崩壊に繋がっていった。「われわれがサウジアラビアをもう少し知っていれば」というゴルバチョフが佐藤に述べた事柄は冷戦崩壊の核心を突くものだった。

当時、ソ連最強の対外インテリジェンス機関、ＫＧＢ（ソ連国家保安委員会）の第一総局（対外インテリジェンス担当）は、アラビア語の専門家を多数抱えて中東各地に配していた。だが、これらの中東専門家は、シリア、リビア、南イエメンといった国々に集中しており、肝心のサウジアラビアにはほとんど浸透できていなかった。モスクワのサウジ分析家も数えるばかりだった。そのため、冷戦の主敵アメリカが、ソ連を崩壊させるシナリオを描いているのに気づくのが遅れたとゴルバチョフ元大統領は述懐している。

ロシア人のインテリジェンス・オフィサーは、この教訓を繰り返し聞かされているため、ソ連を崩壊させた策略が再び発動されると信じ込んでしまう素地がある。

## ロシアにとっての「イスラム国」

プーチン大統領が率いるロシアが「イスラム国」とどのような間合いを取っていくのか。それは「イスラム国」に対する国際包囲網の行方を占ううえで重要なファクターである。とりわけ、欧米諸国にとって死活的に重要だといっていい。

アメリカはいま、ウクライナ情勢をめぐってロシアと鋭く対立している。同時に、「イスラム国」の脅威と対峙し、二正面作戦を強いられている。こうしたなかで、国際政治の重要なプレーヤーであるロシアが、ウクライナ問題で対米攻勢に打って出る狙いで「イスラム国」包囲網から事実上手を抜けば、アメリカはたちまち苦境に追い込まれる。同時に、ロシアがエネルギー供給などの面で中国と連携を強めていけば、東アジアの戦略正面では、日本は中国からの風圧に晒《さら》されることになろう。

ロシアも「イスラム国」の標的になっているのだが、「イスラム国」を包囲する陣営に加わることに慎重なのはなぜか。それは様々な点で欧米諸国とは価値観を異にすると考えているからだ。とりわけ、二〇一四年に顕在化したウクライナ危機の後、ロシアはヨーロッパとアジアの双方に跨《また》がるユーラシア国家だと自らを位置づけ、国内ではユーラシア主義のうねりが高まっている。反テロリズムの戦いについても、欧米諸国と連携するより、中央アジアの旧ソ連邦諸国の強権的指導者たちと結束する傾向が顕著だ。

「外来のワッハーブ派からユーラシア大陸を守れ」

ロシアは一種の排外主義的な戦略を唱えるようになっている。その内実をいま少し詳しくみてみよう。プーチン政権は、「土着のイスラム教」対「外来のイスラム教」という二項対立の構図でイスラム教過激派のテロリズムを捉えている。

北コーカサスからボルガ川の流域に暮らす民族が信じる土着のイスラム教は寛容で世俗主義と矛盾しない。彼らはキリスト教徒やユダヤ教徒とも平和的に共存している。これに対して、アラビア半島に起源をもつイスラム教ワッハーブ派は、過激な原理主義に染まっており、既存の社会に分裂と混乱をもたらすと受け止めている。

ロシアはシリアのアサド政権やイランとの関係を強化することで「イスラム国」の影響力が中東全域に広がるのを阻止しようとしている。欧米諸国が、「イスラム国」を押さえ込むために、シリアのアサド政権と手を握る可能性はない。イランについても核開発を放棄しない限り、対「イスラム国」戦略で公式な協力関係を結ぶことは難しかった。

だがプーチン大統領率いるロシアは、イランと連携し、同時にシリアのアサド政権と協力関係を結んで、対「イスラム国」戦略を練り上げている。この点で反テロリズムの姿勢をとりながらも、欧米諸国の反テロ戦線の枠外に身を置いていると見るべきだろう。ロシアのプーチン政権は、ウクライナ問題で欧米と対峙する一方で、対「イスラム国」戦略でもG7（先進七カ国）と一線を画している。

パリの風刺新聞社『シャルリー・エブド』の襲撃事件を受けて、テロに抗議する大行進にドイツのメルケル首相、イスラエルのネタニヤフ首相らが揃って参加するなか、ロシアのプーチン大統領は、ラヴロフ外相を派遣するにとどめている。

ロシアのメディアでは、過剰な言論の自由こそ今回のようなテロをもたらしたという論調が主流だった。ロシアの有力大衆紙『コムソモリスカヤ・プラウダ』は二〇一五年一月一二日「パリのテロを起こしたのは米国か」と題した特集を組み、政権寄りの『イズベスチヤ』紙も同年一月一〇日「鉛筆による自殺」と題する論説を掲げて、現代欧米文明がもたらした惨劇と結論付けた（産経ニュース、二〇一五年一月一五日より）。プーチン政権は「ロシアには欧州と異なる独自の価値観や発展路線がある」という姿勢を前面に出し、ロシア多数派の団結を唱え、強権統治の正当化を図ってきた。「欧州は伝統的価値観から逸脱し、堕落した」と述べ、道徳的優位にあるロシアこそ現代社会の混沌を食い止めるとしている。今回の事件でロシアがフランスやドイツと距離を置いた背景には、「言論の自由」をめぐる価値観の違いにある。

加えて、フランスとドイツにおけるイスラム問題は、中東や北アフリカなどからの移民によってもたらされたものだ。これに対して、ロシアのイスラム問題は、帝政ロシア時代に遡る。キリスト教徒のロシア人と、タタール人、チェチェン人、チェルケス人など土着のイスラム教徒が錯綜した関係を形作ってきた。ロシア国内に暮らす土着のイスラム教徒たちが「プーチン政権は反イスラム政策を取っている」と受け止めれば、国家統合が崩れてしまう危険を孕んでいる。

## 武器としての「シナリオ分析」

**インテリジェンスの技法の一つに「シナリオ分析」がある。**

近未来に生じる事態をぴたりと言い当てたい——。インテリジェンスに携わる者は誰しもそう願う。だが膨大なインフォメーションから宝石のようなインテリジェンスを紡ぎ出し、迫りくる危機を政治のリーダーに警告することは至難の業だ。

水晶玉を覗いて、いつ、どこで、新たなテロが起きると予言することなど容易にかなわない。それを裏付けるように、世界の名だたるインテリジェンス機関が歴史を揺るがす大事件を予測できた例などない。真珠湾の奇襲、湾岸戦争の勃発、そして九・一一同時多発テロ事件と、超大国アメリカのインテリジェンス機関にとって「錯誤の葬列」がえんえんと続いている。膨大な予算と人員を注ぎ込みながら、国家を襲う惨事を言い当てられなかった。

ならばせめても、忍び寄るクライシスの近似値を示すことはできないのか。

こうした発想から生まれたのが「シナリオ分析」の技法である。

**将来起きるかもしれない事態を可能性の高い順に「近未来のシナリオ」として描き出してみる。**

**そして、そうした事態に至る道筋を想定し、どれほどの確率で起きるのかについても探ってみる。**

**さらに予測の道筋から外れた場合の「代替シナリオ」も用意しておく。**

「シナリオ分析」とは、近未来に想定されるすべての可能性を万遍なく並べて置くことではない。むしろ予測したシナリオに沿って現実の事態が推移しない時に備える技なのである。可能性が高いと見た近未来のシナリオから現実の出来事が逸れ始めた兆候をいち早く察知し、確かな情報と不確かな情報を怜悧に選り分けて次なるシナリオを紡ぎ出していかなければならない。「シナリオ分析」とは、未来という名の不確実性に備える発想で生まれたインテリジェンスの技なのである。

この技法を用いて、「イスラム国」の将来像を描いてみよう。論的には三つのシナリオが想定される。

第一のシナリオは、「イスラム国」が勝利し、単一のカリフ帝国によって世界が支配される。少なくとも、中東・アフリカ地域の大半がその支配地域に入る。だが、その可能性は低いと言わざるを得ない。過去の歴史に照らしてみて、人類がただ一つの普遍的原理のもとで統合された例はいまだかつてないからだ。人間は文化を共有する複数の集団に分かれる傾向がある。とりわけ一つの言語で人類を支配することは不可能だ。

かつて共産主義者は、マルクス・レーニン主義という理念で世界を統合しようとした。だがそれは見果てぬ夢に終わった。人類が幾度も挑みながら達成できなかった事業を「イスラム国」が実現するとは思えない。加えてソ連型共産主義には、「生産の哲学」があった。閉ざされた社会主義体制のなかで、人々の生活を保障する生産システムを確保できた。だが、こうした「生産の哲学」が「イスラム国」にはない。石油の盗掘、身代金の強奪、住民からの金銭の徴収など、他者からの収奪しか考えていない。この点を見ても、「イスラム国」が経済的に自立することはできまい。経済的に自立できない政治運動が世界的規模で統治を実現できると考えるのは非現実的だろう。

第二のシナリオは、「イスラム国」が解体される可能性だ。イスラム世界革命を他の地域に輸出する拠点が消滅してしまえば、当面、テロの脅威は減少する。だが、それで問題が解決するわけではない。「イスラム国」で戦闘を経験したジハード戦士たちが全世界に拡散していく。そして、世界の各地で小規模なテロを行う危険性がある。

いまの世界には国家による実効支配ができていない領域が少なからず存在する。とりわけ、中央アジア東部と中国の新疆ウイグル自治区がそれにあたる。キルギスとタジキスタンは破綻国家であり、現在の政府は首都周辺と大統領の出身地域しか実効支配できていない。新疆ウイグル自治区とカザフスタン、キルギスの国境管理も十分に行われていない。

「イスラム国」が解体されても、ジハード戦士がカザフスタン東部、新疆ウイグル自治区、キルギスの国境をまたいで「トルキスタンのイスラム国」をつくり、中央アジアと新疆ウイグル自治区の一帯を支配する可能性はあるだろう。

「トルキスタンのイスラム国」の影響力は、タジキスタン、キルギス、ウズベキスタンの国境が複雑に入り組んだフェルガナ盆地に及んでいく。やがてアフガニスタン北部のイスラム過激派と連携を強めて、「トルキスタンのイスラム国」は日本にもその影を伸ばしていくだろう。中国や東南アジア、インドなどに進出する日本企業が「トルキスタンのイスラム国」によってテロの対象とされることは間違いない。したがって、第二のシナリオに従って「イスラム国」が解体されても安心することはできないだろう。

第三のシナリオは、「イスラム国」がかつてのソ連邦のようになる可能性だ。「イスラム国」は、国連に加盟を申請することもなければ、諸外国と外交関係を樹立することもない。しかし、中東諸国は「イスラム国」と代表の交換を行うことはするだろう。「イスラム国」は、イラクとシリアの一部を実効支配することで満足し、領土拡張を当面は諦める。カリフ帝国の建設という建前は掲げ続けるが、世界的規模でテロ活動を煽動することはやめる。その結果、スターリン体制下のソ連邦が、世界革命を放棄し、一国社会主義路線に転換したように、「一国イスラム主義」路線に転換するというシナリオだ。「イスラム国」の内部では、粛清、火あぶり、奴隷制などが行われていても、イスラム世界革命の輸出は当面行わない。欧米や日本でも「イスラム国」支持者が散発的にテロ事件を起こすが、各国の統治体制を揺るがすような事態には発展しない。このような状況で、「イスラム国」と国連加盟国が数十年から一〇〇年以上にわたって併存する。

インテリジェンスに携わる者が「シナリオ分析」の手法に従って、現実にシナリオを描いて政策決定者に提示する際には、可能性の高い第二、第三のシナリオを軸に叙述すべきだろう。第二のシナリオのように、「イスラム国」が解体に向かった場合、イスラム過激派が世界各地に拡散していく可能性も詳細に検討しておかなければならない。そしてその対策も周到に練っておくべきだろう。

**「シナリオ分析」とは、単に近未来の姿を予想するだけでなく、様々な備えをしておくために有効な手法なのである。**

## テロ対策に対外インテリジェンス機関は有効か

日本にも対外インテリジェンス機関を創設すべきだ――。

「イスラム国」による日本人の人質事件をきっかけに俄《にわ》かにそんな声が高まっている。安全保障に一家言をもつ石破茂地方創生担当相は、二〇一五年一月二四日、日本にも対外インテリジェンス機関を創設すべきだと次のように述べた。

「情報収集する組織をきちんとつくることに取り組むかどうか、早急に詰めないといけない」

こうした党内の声を受けて、自民、公明両党のプロジェクトチームは、二〇一四年四月、対外インテリジェンス機関の創設に向けて協議を進めることを申し合わせている。

確かに、事件当時、日本の内閣にも外務省にも「イスラム国」をめぐる確かな情報はあまりにも少なく、「イスラム国」の脅威を過小評価していた。彼らはテロルの暴力によって、新しいイスラム国家を目指している。現存する国家群、既存の国際法、普遍的価値観などを一切認めようとしない。したがって既成の国際秩序を遵守している日本も、アメリカ、ヨーロッパ諸国、ロシアと同様に打倒すべき対象だったのである。にもかかわらず、日本はそうした「イスラム国」の内在論理を理解することができなかった。その結果、安倍内閣は日本人の人質事件に遭遇して、場あたり的な対処に終始し、広い視野から的確な判断を下せなかった。

**アメリカのCIA（中央情報局）、イギリスのMI6（秘密情報部）、ロシアのSVR（連邦対外諜報庁）、それにイスラエルのモサド（諜報特務庁）は、代表的な対外インテリジェンス機関である。**確かにこれらの機関は、テロ対策でそれなりの役割を果たしているが、その機能はあくまでも脇役にすぎない。

テロ対策については、情報の収集と分析、内部協力者の獲得だけでなく、テロリストを実力で排除する、具体的に言えば殺害を伴うケースがある。だが、**日本の対外インテリジェンス機関に期待されているのは、知恵の限りを尽くした「武器なき戦い」なのである。**

上記の国々でテロ対策を担っているのは、テロリストやスパイの浸透に備える**カウンター・インテリジェンス機関**だ。

こうしたインテリジェンス・コミュニティのルールに従えば、**日本の場合は、警察の警備・公安部門がテロ対策にあたるべきだろう。**

海外からのテロリストの侵入を水際で防ぎ、海外にいる凶悪なテロリストのリストを入手する。これらの情報活動は、犯罪捜査と重なる場合も多い。「外交一元化」の名の下で、外務省内に対外インテリジェンス機関を置いて、テロ対策を担当させれば、実際のオペレーションに支障を来すおそれがある。日本の外交官はこうした活動に不慣れなだけではない。時に命の危険を伴う情報活動を志願する者はいないだろう。**テロ対策に限っては、警察庁の警備・公安組織が国外での情報活動を担うのが現実的だ。**

その一方で、北朝鮮のようなテロ支援国家を対象とした戦略諜報の収集・分析能力はより高めておかなければならない。

日本も早い時期に対外インテリジェンス機関を設けるべきであった。そして**戦略情報は、内閣の統御のもとで外務省のインテリジェンス部門がこれを担うべきだろう。**

だが、そうした対外インテリジェンス機関が存在しない現状では、警備・公安警察部門が日本国内のテロリスト支持者と「イスラム国」の動向を厳重に監視し、封じ込めることが重要になる。

# VIII

# 九・一一テロのインテリジェンス

## 危機の中の情報機関

**インテリジェンスの責務は、あたかも無関係に映る事実を丹念につなぎ合わせ、そこに埋め込まれている個々の出来事の意味を読み解き、大きな構図に結いあげていくことにある。**

本章では、二〇〇一年九月一一日に超大国アメリカの心臓部を襲った同時多発テロ事件を取り上げ、この国のインテリジェンス機関が未曾有の国際テロ事件にどのように対処していたかを詳しく検証してみたい。

アメリカは、世界最大級のインテリジェンス機関を持ちながら、忍び寄る同時多発テロ事件の足音を察知することができなかった。国家のインテリジェンス・システムに重大な陥穽《かんせい》があることを白日の下に晒《さら》してしまった。国際テロ組織アルカイダのテロリストたちは、四機の民間航空機をハイジャックして、ニューヨークのワールド・トレードセンターやペンタゴン（国防総省）を標的に自爆攻撃を敢行した。その果てに三〇〇〇人近い無辜の命を奪ったのだった。

だが、大がかりなテロ事件の予兆がなかったわけでも、インテリジェンス機関が手を拱《こまね》いていたわけでもない。現にアメリカを代表する対外インテリジェンス機関、CIA（アメリカ中央情報局）は、海外でアメリカを狙って攻撃を仕掛けてくるイスラム過激派の動きを懸命に追っていた。また、国外からのスパイやテロリストに備えるカウンター・インテリジェンスを担うFBI（連邦捜査局）は、アメリカ国内に密かに浸透しているテロリストの行方を追跡しつつあった。

アメリカをかつてない悲劇が襲った後、当局が摑んでいた情報やデータのファイルを掘り起こしてみると、テロを窺わせる情報はおびただしい数にのぼっていた。だが、アメリカのインテリジェンス・コミュニティは、それら情報の断片に込められていた意味を見過ごし、個々のピースをつなぎ合わせて忍び寄るクライシスの全体像を描き出せなかった。

「誰もが自分の受け持っていた事件と、大統領に報告されていたテロの脅威を結びつけて考えようとはしなかった。それゆえ、個々の事件は国家レベルで扱われる優先事項として報告されなかった。（中略）誰一人大きな構図を描くことができなかったのである」（『9／11委員会レポートダイジェスト』同時多発テロに関する独立調査委員会著、WAVE出版）

アメリカのインテリジェンス機関は、幾万もの人員を抱えて膨大な予算を使いながら、なぜかくも悲惨な国際テロ事件を防げなかったのか——。

こうした声に押されて、アメリカ議会は「九・一一同時多発テロに関する独立調査委員会」を立ち上げ、その原因究明に取り組んだ。

CIAやFBIなどが部内で抱え込んでいた膨大な情報のファイルは二五〇〇万ページにも及

んでいた。調査委員会のメンバーは、おびただしい数の書類をくまなく調べあげ、一〇ヵ国にまたがる総勢一二〇〇人以上の関係者に直接聞き取り調査を実施した。そして、一九日間にわたって公聴会を開き、一六〇人から証言を得たのだった。

その報告書からは、超大国のインテリジェンス機関の度し難い閉鎖性が明らかになった。そして官僚機構のセクショナリズムという不治の病の実態も浮かび上がった。

それら負の要素すべてが絡み合い、忍び寄る九・一一テロ事件の予兆を見逃してしまった、と調査委員会の報告は厳しい口調で断罪している。

## 鳴りやまぬ警告の太鼓

超大国アメリカは、ほかの情報大国に較べて、抜きんでた「長い耳」を持っている。NSA（国家安全保障局）と呼ばれる電波傍受の情報機関がそれだ。NSAが全世界に張りめぐらしている精巧な傍受システムは、地球上を飛び交う様々な通信を傍受し、分析している。

英連邦に所属するイギリス、カナダ、オーストラリア、ニュージーランドの協力を得て、アメリカが運用する「エシュロン」という名の電波傍受網は、一分間に三〇〇万の通信を傍受できる史上最強のシギント（通信傍受システム）なのである。その施設は、日本をはじめ、ドイツ、ギリシャ、スペインなどの同盟国にも敷設されている。青森県・三沢の在日アメリカ軍基地の姉沼通信所にあった「ゾウの檻」もその施設の一つだった。しかし日本やドイツは重要な傍受施設の用地は提供させられているが、傍受内容にアクセスする十分な資格を与えられていない。

国際テロ組織アルカイダがアメリカ本土を標的にテロ攻撃を計画している――。

二〇〇一年に入ると、こうした傍受施設を通じて、警報が頻々《ひんぴん》として入り始めていた。オサマ・ビン・ラディンは、世界二〇ヵ国以上に散らばるアルカイダの細胞に様々な指令を飛ばしていた。傍受されたこれらの通信は延べ一二〇〇時間にものぼる。CIAのジョージ・テネット長官（当時）は、ブッシュ大統領に向けて毎朝行うPDB（インテリジェンス・ブリーフィング）でビン・ラディン関連の情報を四〇件以上も扱っている。

「近く劇的なテロ攻撃が起きる」

二〇〇一年六月の終わりには、こう警告する最重要のインテリジェンスがホワイトハウスに届けられた。極めて近い将来、アメリカを標的とした大がかりなテロが起きると断じたのである。これを受けて中東を担当地域とするアメリカ中央軍は、六ヵ国に駐留するアメリカ軍に対して防護態勢のレベルを最高度の「デルタ」に上げるよう下令している。

アメリカ第五艦隊の艦艇はバーレーンの港を離れ、イエメンのアメリカ大使館は閉鎖された。中東のテレビ局「アルジャジーラ」は、アメリカとイスラエルを標的とした攻撃が数週間のうちに目撃されるだろうと語るアルカイダ幹部の談話まで報じている。満面の笑みを浮かべるイスラム過激派の指導者たちの傍らにはオサマ・ビン・ラディンの姿があった。

そして翌七月に入ると、アメリカの連邦航空局（FAA）は航空各社に対してテロ攻撃に注意を喚起する文書を配布した。次第に緊迫の度を高める情勢を受けて、CIAのジョージ・テネット長官は、対テロセンターのコーファー・ブラック所長を伴って、ホワイトハウスに国家安全保障担当のコンドリーザ・ライス大統領補佐官を訪ねた。

「国際テロ組織アルカイダに関する気がかりな情報が続々と入ってきています。国家安全保障局（NSA）が傍受した、アルカイダ関連のコミント（通信情報）はすでに三四件にのぼっています。そのなかには『ゼロ・アワー（決行）の時は近い』という重大なメッセージも含まれていました。イエメンで起きたアメリカの駆逐艦『コール』に対する自爆攻撃の時と同じように、アルカイダの通信量は跳ね上がり、そのトーンも一段と高くなっています。アルカイダの動向を探るインテリジェンスの信憑性にわれわれはかなりの自信を持っております」

ホワイトハウスはすぐさま行動を起こしてほしい、とテネット長官は迫った。だがライス補佐官は不快な表情を隠さなかった。CIAは官僚機構としての保身本能から万一に備えて「ホワイトハウスにはちゃんと警告をしていた」というアリバイ工作をしていると受け取ったのだ。

「アルカイダのテロ攻撃が、いつ、いかなる時期に、どんな地域で起こると言うのですか」

冷ややかに問いただすライス補佐官に、テネット長官は具体的な情報を示すことができなかった。ホワイトハウスの外交・安全保障スタッフを率いる国家安全保障会議（ＮＳＣ）の責任者、ライス補佐官は、アメリカの情報当局が大事件をぴたりと言い当てた例などないことを百も承知で、具体的な証拠がないとＣＩＡの責任者を追い返したのだった。同時多発テロの発生まであと二ヵ月に迫っていた。まさに、赤信号が点滅していたのだ。

だが、政権の中枢では誰も具体的な手立てを講じようとはしなかった。

## テロルの前奏曲

星条旗を風にたなびかせて聳《そび》えたつ在外公館こそ、アメリカ合衆国の出城である――。こう考えた国際テロ組織アルカイダは、九・一一同時多発テロ事件の前哨戦として、アメリカの出城を標的にテロ攻撃を次々に企てた。まず、狙いを定めたのは、アフリカにある二つのアメリカ大使館だった。

一九九八年八月七日、オサマ・ビン・ラディンは東アフリカで同時テロを決行させた。この日は、イスラム教の聖地を擁するサウジアラビアにアメリカ軍が駐留を始めた日からちょうど八年目にあたっていた。

午前一〇時三五分、ケニアの首都ナイロビでは、爆薬を満載したトラックがアメリカ大使館の裏手に近づいた。とっさにサウジアラビア人の若者が助手席のドアから飛び下り、大使館の敷地に向けて手榴弾をまっすぐに投げ込んだ。トラックは大使館の正門に回りこんで、大使館の敷地に突入していった。九〇〇キロの爆薬が一斉に炸裂し、周囲を圧するような爆音が響き渡った。堅牢な大使館の建物にはダメージは少なかったが、隣接する民間のビルが爆風のあおりを受けて脆くも崩れていった。四四名の大使館員が死亡し、四〇〇〇人以上が死傷した。

ケニアの攻撃からちょうど四分後、隣国タンザニアの首都ダルエスサラームでもアメリカ大使館を標的にトラックがテロ攻撃を行い、合わせて一一人の死傷者が出た。こちらもアルカイダのテロリストが起こした自爆テロだった。海外のアメリカ大使館が狙われたことでアメリカに衝撃が広がった。だがテロの刃がアメリカ本土に向けられつつあることに気づいていた者はいなかった。

アルカイダは、二つの大使館をターゲットに爆破テロを仕掛けるために実に五年の歳月を費やしている。ナイロビでは人道支援団体「ヘルプ・アフリカ・ピープル」を設立し、ここを隠れ蓑《みの》にしてアジトを築いた。やがてビン・ラディンが放った工作員が次々にケニアに潜入していく。ターゲットを選定し、爆薬を入手し、輸送トラックを購入して周到に準備を重ねている。Xデーが近づくと、アラブ人街にあるホテル「ヒルトップ」を拠点に起爆装置の組み立てが行われた。

作戦指揮官はエジプト陸軍の元将校だったアリ・モハメド。敬虔なイスラム教徒だったが、やがてイスラム原理主義に傾倒し、「イスラム聖戦同盟」に身を投じて、軍から放逐された。八四年、カイロのCIA支局の工作員を志願し、ドイツのハンブルグ駐在となる。その後、カリフォルニアに渡ってアメリカ人女性と結婚し、アメリカ軍の特殊部隊に入隊して対テロ作戦の経験を積んでいる。やがてモハメドは休暇を取ってアフガニスタンに渡り、アルカイダのテロ訓練キャンプで教官となった。彼はアメリカ軍で身に付けた誘拐、爆破、射撃、偵察行動、ハイジャックなどの技をテロリストたちに教え込んだ。こうしてビン・ラディンの信頼を得たモハメドは、FBIの情報提供者にもなり、二重スパイ役までこなしている。

モハメドはアフリカ各地に派遣され、現地でアメリカ大使館の偵察を試みる。かくしてテロの標的として浮上したのはケニアとタンザニアだった。二つのアメリカ大使館で警備が手薄な箇所はどこかを探り、爆弾を積んだトラックを突入させるルートを慎重に探っていった。その調査結果は「モハメド・メモ」にまとめられ、アフガニスタンにあるアルカイダの本拠に送られた。これを受けて、ビン・ラディンを中心に主だった幹部たちが緻密なテロ計画を練りあげていった。

爆破事件の二週間後、主犯格のモハメドはアメリカの当局に逮捕された。当時はまだ詳しく知られていなかったアルカイダというテロ組織の実態が断片的ながら初めてアメリカ政府の知るところとなった。

だがこの段階でもなお、海外のアメリカ合衆国の象徴である大使館への自爆テロ攻撃が、アメリカ本土への攻撃の前触れであることに思いを致す者はいなかった。

## 次なる標的は「海の城」

次なるテロの標的は「海に浮かぶ国家」だった。東アフリカの襲撃事件から二年後の二〇〇〇年一〇月一二日、アルカイダのテロリストは、イエメンのアデン港に碇泊中だったアメリカの駆逐艦「コール」に襲いかかった。

一隻の小型ボートがするすると近づいていく。突然、凄まじいばかりの水柱があがる。爆弾を積んだ小型艇が駆逐艦「コール」の艦腹に激突して直径一〇メートルの穴を空けた。この爆発で乗組員一七人が犠牲となっている。アルカイダは紅海に浮かぶ「アメリカ合衆国」を仕留めたのである。この自爆テロにアメリカ政府は言いしれぬ衝撃を受ける。アメリカの情報当局は、アルカイダがビン・ラディン一族の故郷だったイエメンを拠点に増殖していることに警戒を強めてはいた。だが敵は意表を衝いて、陸の拠点ではなく、海の標的を狙ってきた。アルカイダの動きを事前に察知することはできなかったのである。

駆逐艦「コール」というアメリカ国家のシンボルを爆破されてもなお、アメリカの情報当局はアルカイダの次なる標的はアメリカ本土だと見立てられなかった。二〇〇〇年の歴史を通じてアメリカは本土を敵の攻撃に晒した経験がほとんどなかったからだろう。

その一方で、イエメンのアジトから発信された通信を傍受していたアメリカの情報当局は、イエメンとアジアのイスラム国家、マレーシアを結ぶ地下水脈を探り当てていった。駆逐艦「コール」の事件が起きる前年の一二月、クアラルンプールで「アルカイダ・サミット」と呼ばれる秘密会合が開かれたことをCIAは把握している。

会合の場所は、エバーグリーン・パークのB二号棟。アパートの持ち主は、マレーシア人の微生物学者だった。CIAはこの会合に出席した二人の工作員の身元をついに突き止める。ハリード・アル・ミフダルとナワフ・アル・ハズミ。ともにサウジアラビアのメッカ生まれだった。彼らは戦乱の地ボスニアなどで経験を積んだ聖戦戦士(ムジャヒディーン)だった。二人は、ビン・ラディンの信頼が厚く、来るべき九・一一テロ計画の実行部隊に指名されていた。CIAはクアラルンプールでミフダルの姿を写真に収めている。ミフダルのすぐ隣には、ビン・ラディンの側近として知られ、駆逐艦「コール」の爆破事件にも関わった人物が写っていた。

## インテリジェンス後発国アメリカ

アメリカという国家を標的にしたアルカイダのテロの足音が近づくなか、ＣＩＡをはじめアメリカのインテリジェンス機関はなぜ、アメリカ本土にテロの危機が迫っていることにここまで鈍感だったのだろうか。

アメリカのインテリジェンス・コミュニティは、一七の機関から構成されている。総人員は一〇万人を超える。規模においては並ぶもののなき情報大国であっていいはずだ。だが、歴史を振り返ってみれば、アメリカはインテリジェンスの後発国なのである。アメリカは、独立戦争以来、有事にはインテリジェンス機関を持っていたが、平時にはインテリジェンス機関を置こうとしなかった。南北戦争、第一次世界大戦、そして第二次世界大戦と、戦時には情報機関が設けられた。だが戦いが終わると組織を解散している。イギリスが、平時にあってもカウンター・インテリジェンス機関として情報局保安部（ＳＳ。通称ＭＩ５）を、対外インテリジェンス機関として秘密情報部（ＳＩＳ。通称ＭＩ６）、電波傍受を受け持つ政府通信本部（ＧＣＨＱ）、それに軍の情報部を備えていたのとは、好対照をなしている。

アメリカが本格的なインテリジェンス機関を創設したのは、東西冷戦が激化する様相を濃くしていた一九四七年のことだった。トルーマン大統領が「トルーマン・ドクトリン」を掲げて共産主義との戦いに乗り出し、アメリカ議会も国家安全保障法を成立させて、アメリカのインテリジェンス・コミュニティの中核となるＣＩＡ（アメリカ中央情報局）を創設している。

「老情報大国」の異名を持つイギリスは、情報のプロフェッショナルの磨き抜かれた勘を重視して、「インテリジェンスはアートなり」と捉えている。これに対して、アメリカではインテリジェンスをマニュアル化して「技法」とみなす傾向が強い。

アメリカのインテリジェンス機関は、情報の収集部門と分析部門を截然《せつぜん》と分け、双方を交わらせない。中国の分析を担当する人間は、中国に渡航することが原則として禁止されている。中国語を学ぶことも奨励されていない。中国に暮らして人々の考えに馴染んでしまえば分析にバイアスがかかり、精度が落ちてしまうというのがその理由だ。

情報はすべからく現地の言語で入手し、すべてを英語に訳す。英語になった情報を信憑度に基づいて数値化する。数値化するときのクライテリア（基準）もマニュアルで細かく決められている。そうして数値化された情報が分析官に届けられ、判断が下されるという仕組みだ。

一見すると合理的なインテリジェンス・システムに映るが、膨大な情報が集積され、クォーター化されるため、全体像を摑んでいる人がいなくなってしまう。アメリカのインテリジェンス・コミュニティに在っては、すべての重要情報を吸いあげている国家安全保障会議（ＮＳＣ）が全局面を把握する責務を負うことになっている。だが、九・一一テロ事件ではアメリカの安全保障を担うこの中枢組織が必ずしも十分に機能を果たしていなかったことが露わになったのである。

## 見逃されたテロリストたち

ＣＩＡの要員は、イスラム過激派の思想に染まったアルカイダのミフダルとハズミの動きを追跡していた。だが、二〇〇一年一月、タイのバンコクで二人の足どりを見失ってしまう。ＣＩＡはミフダルの名を国務省のテロリスト容疑者に載せていなかった。このため、ミフダルがタイからどこかの国に姿を現したとしても、関係国の政府を介して在外のアメリカ大使館が彼の動きを捕捉することはできなかった。それゆえミフダルがアメリカに入国しても移民帰化局（ＩＮＳ）の網にはかからなかったのである。

ＦＢＩはテロリストがアメリカ国内へ浸透してくるのを阻む任務を負っている。ところがミフダルがアメリカの滞在ビザを正式に取得していた事実が後になって判明する。ＦＢＩの国際テロ対策部門に出向していたＣＩＡ捜査官が、膨大なデータベースからビザの発給記録を発見したのは、ＣＩＡが二人の足取りを見失ってから四ヵ月後の五月一五日のことだった。

いま一人のハズミも二〇〇〇年一月にロサンゼルスに降り立ち、アメリカへの入国を果たしていた。ＣＩＡとＦＢＩの連携が十分でなかったため、テロリストがアメリカ国内に密かに浸透してくるのを十分に把握できなかったのである。そんな実態が「九・一一テロ調査報告書」で明らかにされている。

「ＣＩＡは『場所』に集中し捜索を行う。一方ＦＢＩは『人』に焦点をあてる。もし両者の間で情報が共有され、ＣＩＡの『場所』の捜査とＦＢＩの『人』の捜査がたくみに組み合わされていれば、有益な結果をもたらしたかもしれない」

ＣＩＡの担当官は、マレーシアの首都クアラルンプールを拠点としたアルカイダの動きを調べているうち、ミフダルとハズミが二〇〇〇年一月と翌〇一年七月の二回、なんと実名でアメリカに入国していた事実を突き止めた。事件の一ヵ月前のことである。ＣＩＡは二人を「監視リスト」（ＴＩＰＯＦＦ）に載せるよう国務省、アメリカ移民帰化局、税関、ＦＢＩに通告した。これによってＦＢＩがアメリカ国内で捜索に着手することが可能となった。入国カードに記されていた滞在先は、ニューヨークのマンハッタンに建つホテル「マリオット・マーキー」。だが、ＦＢＩがニューヨークの捜査官に捜索を指示した命令書には「ルーティーン（通常業務）」のラベルが貼られていた。このため、ホテルへの捜索は後回しにされてしまった。

結局、捜査官がこの案件に手をつけたのは九月一一日、事件が起きた直後のことだった。

ＦＢＩ捜査官は後に証言している。

「ミフダルとハズミがアルカイダ工作員だというインテリジェンスをＣＩＡからもっと早く知らされていたら、一九人のハイジャック犯の全員を特定できたはずだ。二人はほかの連中と頻繁に連絡を取り合っていたのだから」

一九人のテロリストを監視対象にできていたら、通信の傍受などを通じて実行犯のネットワークを突き止められていたはずだと無念の思いを滲ませている。さらに致命的だったのは、この「監視リスト」が、連邦航空局（ＦＡＡ）、財務省の金融犯罪捜査部門、ＦＢＩの金融捜査グループには配布されていなかったことだ。財務省とＦＢＩの金融捜査部門は、個人のクレジットカードや銀行取引の記録を入手する権限を与えられている。現にミフダルとハズミはいずれも実名のクレジットカードを使っていたことが判っている。こうした情報が政府部内の機関で共有されていれば、クレジットカードを手がかりにして二人の足どりを追うことができ、事前に身柄を確保できた可能性もあったはずだ。

## 「フェニックス・メモ」はくず籠へ

オサマ・ビン・ラディンがアメリカの民間航空学校に数多くのテロリストを送り込んでいる可能性がある――こう警告するアリゾナ州フェニックスのＦＢＩ捜査官の「覚え書き」がワシントンのＦＢＩ本部に届けられた。事件の二ヵ月前、二〇〇一年七月のことだった。ＦＢＩフェニックス地方局の特別捜査官ケネス・ウィリアムズが筆を執った「覚え書き」は、三〇〇〇人近い犠牲者を出した後に「フェニックス・メモ」として知られるようになった。

（一）ＦＢＩ本部に全米の民間航空学校のリストを集約し一覧表にまとめるべし。

（二）これらの飛行訓練学校と緊密な連絡体制を確立すべし。

（三）ビン・ラディンの動向を監視するためインテリジェンス機関の情報交換を密にすべし。

（四）航空学校への志願者の滞在ビザ取得の情報を入手すべし。

「フェニックス・メモ」はこう勧告したのだが、ＦＢＩ本部では誰ひとり「覚え書き」に真剣に目を通し、実際に行動を起こした者はいなかった。そして「フェニックス・メモ」を嘲笑うかのように、自爆テロの志願兵たちはフロリダ州などの航空学校に次々と入学を果たし、ハイジャック機のパイロットとなるべく訓練を受け続けたのだった。

歴史を塗り替えた自爆テロのリーダー、エジプト人のモハメド・アタは、フロリダ州ベニスにある高級別荘地「ハムレット」の従業員アパートをアジトとした。民間航空機をハイジャックする作戦の最後の拠点に定めたのである。アパートの隣人の証言によれば、アタはいつもきれいに髭をそり、身だしなみを整え、訛りの少ないきれいな英語を話していたという。目立たないよう行動することで史上最も凶悪なテロを企てていることを気取られないよう努めていた。

アタは、ホフマン飛行機学校の集中パイロット養成プログラムに通い、優秀な成績を収めている。二〇〇〇年七月の終わりには単独飛行の訓練を受け、八月中旬には自家用パイロット試験にすんなりと合格した。そして連邦航空局（ＦＡＡ）から計器飛行の免許を取得している。続いて商業パイロットの免許を取得して、フライト・シミュレーターで大型ジェット機の操縦訓練まで受けている。

アメリカに入国してから半年も経たないうちに「アルカイダのパイロット」たちはハイジャック犯としてアメリカの中枢を狙えるまでに飛行の技量を磨き終えていた。にもかかわらず、超大国のインテリジェンス機関は、彼らの行動を捕捉することができなかった。

## 忍び寄る「世紀の悲劇」

たとえ「フェニックス・メモ」がFBI本部を動かし、勧告が迅速に実施されたとしても、未曾有の自爆テロ計画の全貌を摑むことは難しかったかもしれない。だが、ザカリア・ムサウィの摘発が何を意味するか、その重要性を見誤ることはなかったはずだ。少なくともテロ計画の一端は明らかにできたかもしれない。「ザカリア・ムサウィ」のケースはそれほどに捜査当局を挑発するものだった。

「どうにも不審なイスラム系の生徒がいる」

二〇〇一年八月一五日、ミネソタ州イーガンのパンナム国際航空学校からミネアポリスのFBI地方局に電話がかかってきた。

FBIによれば、怪しい学生は、フライト・シミュレーターの訓練費用として六八〇〇ドルをぽんとキャッシュで支払って訓練に参加してきたという。飛行経験はおろか航空機に関する知識もほとんどなかった。男はパイロット免許を取るつもりはなく、ボーイング747機の操縦だけを習いたいと申し出た。学生の名はザカリア・ムサウィ。モロッコ系フランス人だった。このアルカイダの工作員は、九・一一テロ計画を実行するパイロット候補だった。ムサウィは苛立たしげに飛行教官に向かってこう叫んだという。

「着陸のことなんか、どうでもいい。旋回の方法だけを教えてくれ」

不審に思った教官はＦＢＩに通報した。

通報を受けたＦＢＩは、翌日、ザカリア・ムサウィの滞在ビザが切れていたことを理由に移民法違反容疑で身柄を拘束した。そしてパリとロンドンの関係機関に身元を照会している。

「当方のテロリスト・ファイルによれば、ザカリア・ムサウィ容疑者は、イスラム過激派組織のメンバーとみられる」

フランスの情報当局からはこんな回答が寄せられた。ムサウィの預金口座には多額の預金があり、武術訓練も受けていた経歴も明らかになった。ムサウィが航空機テロを企てていた疑いが強まった。ＦＢＩは、ムサウィの所持品を自宅から押収できるよう裁判所に捜索令状を請求した。

さらにＣＩＡのテネット長官のもとにムサウィ事件について「イスラム過激派が飛行技術を学んでいる」と題する報告が届けられた。九・一一テロ事件が起きる一週間ほど前のことだ。だが、ＣＩＡのテネット長官は、ホワイトハウスに対して「イスラム過激派による大がかりなテロが起きる可能性がある」と警告しながら、ムサウィ逮捕とアルカイダの自爆テロ計画を結びつけて考えようとはしなかった。

ムサウィが自宅に隠し持っていた所持品には、ボーイング747型機の操縦マニュアル、格闘技用の手袋と脛あて、そして、ラップトップ・コンピュータが含まれていた。だが、これらの証拠品がFBIによって押収されたのは、テロ事件が起き、すべてが終わった後だった。

FBIが捜索令状を請求する際、書類に今度もまたも「至急」のスタンプは押されていなかった。そのため、請求書類は「通常」扱いとされ、一般書類に紛れこんでしまったのである。捜索令状に許可が出されたのは、九・一一テロ事件が起きた直後だった。

「世紀の惨劇」といわれた自爆テロが忍び寄っている――。こうした報告は数えきれないほど捜査・情報当局に届けられていた。だが、各々の情報機関はジグソーパズルのピースをじっと抱え込んだまま、九月一一日を迎えてしまった。

インテリジェンス・コミュニティが個々の有力情報をたとえ一部なりとも共有し、相互の関連に思いを致していれば、捜査は異なる展開を辿っていただろう。だが現場からの貴重な情報は、官僚組織の厚い壁に阻まれ、ピースのまま捨て置かれた。ジグソーパズルはついに完成されないまま、九・一一の当日を迎えてしまったのである。

## インテリジェンスの罠

**インテリジェンスとは、国家が生き残るために欠かせない情報をいう。**アメリカは超大国が生き残るために世界最大のインテリジェンス機関を擁している。だが、最大のインテリジェンス機関は必ずしも最強の機関ではない。

冷戦終結後のアメリカは、軍事と経済の分野でもはや並ぶもののなきスーパー・パワーとなった。だが、ずば抜けた力のゆえに、アメリカのインテリジェンスはかえって脆弱なものになってしまった。ホワイトハウスに上がってくる情報がたとえ間違っていても、最後はその強大無比の軍事力で決着をつけてしまうことができるからだ。強大な国家にとっては、政治指導者に届けられるインテリジェンスは、時に国家の命運を左右するファクターではなくなってしまう。単なるコストの問題として片付けられてしまうのである。

**「イスラム国」をここまで増殖させる遠い源となったイラク戦争こそ、「最強の軍事大国は必ずしも最強の情報大国にあらず」の箴言《しんげん》を裏付ける教科書的事例である。**イラクのサダム・フセイン政権は大量破壊兵器を研究・開発している――。こうしたインテリジェンスを頼りにブッシュ政権は対イラク攻撃に突き進んでいった。だが戦い終わって、日が暮れて、アメリカの占領軍が血眼となってイラク全土の施設を捜索しても、核兵器や生物・化学兵器はどこからも見つからなかった。

アメリカのインテリジェンスは、いつ、どのようにして誤りを犯し、国家を迷走させていったのか。超大国のインテリジェンス・サイクルが狂い始めたプロセスを検証してみよう。
二〇〇二年の一月、ブッシュ大統領は九・一一テロを受けて初めての「一般教書演説」に臨み、「悪の枢軸」スピーチを行った。国際テロ組織の背後に在って、凶悪なテロリストを支援している「ならず者国家」がいると三つの国を名指ししてみせた。

「国際テロリズムと手を結ぶイラク、イラン、北朝鮮の三カ国は『悪の枢軸』を形づくっており、国際社会の平和を脅かしている」

この演説こそ「ブッシュのアメリカ」を無期限にして無制限の対テロ戦争に向かわせる宣戦布告となった。

「アメリカ合衆国は、恐るべき脅威が現実になる前に、自ら行動を起こさなければならない」

敵に殺られる前に殺れ——。超大国アメリカは、敵の攻撃を事前に抑え込む「抑止戦略」をかなぐり捨て、自ら先に刃を抜く「先制攻撃戦略」に舵を切ったのである。

これらの三国のなかでも、ブッシュ政権の照準は、サダム・フセインが独裁的に支配するイラクにぴたりと定められていた。イラクこそ大量破壊兵器を密かに研究・開発してきた「最も邪悪なテロ支援国家」と見立てたのである。

この「悪の枢軸」スピーチから一年後の二〇〇三年一月、ブッシュ大統領は上下両院の議員を一堂に集めて「一般教書演説」に再び臨み、サダム・フセインに率いられたイラクが人類を破滅させる悪行に手を染めている、と新たな事実を突きつけてみせた。

「三人の亡命イラク人の証言によって、イラクは一九九〇年代の後半に、生物兵器を製造する移動式施設をいくつか所有していたことが判明した」

決定的なインテリジェンスを手中にしているとばかりに強い口調でイラクを批判した。

「それらの製造施設は、細菌兵器の製造を目的としたものである。自在に移動することができるため、国連の査察を逃れることができてきた。サダム・フセインはこうした施設の存在を明かそうとしていない。そして、これらの施設を廃棄したという証拠も全く提示しようとしておりません」

その翌週、ブッシュ大統領は公共放送のラジオスピーチで、サダム・フセイン政権が隠し持つ大量破壊兵器の疑惑についてより詳しい「証拠」を明かした。

「アメリカ政府にじかに提供された情報によりますと、イラクには生物・化学兵器用エージェントを製造できる移動式の工場が少なくとも七つあるとみられます。イラクがその気になれば、わずか数ヵ月以内に数百ポンドもの生物兵器を作り出すことが可能なのです」

後に明らかになるのだが、これら一連のブッシュ・スピーチの拠り所になったのは、アメリカ政府の情報機関が取りまとめた「NIE」（国家情報評価）だった。この情報評価は、アメリカのインテリジェンス・コミュニティが作成する「インテリジェンス報告」のなかでも最も権威あるものとされる。すべての情報機関が互いに協力し、現場から入ってくる情報を徹底して洗い直して、生のインフォメーションを精緻《せいち》に分析・評価し、一級のインテリジェンスに紡ぎ出していく。こうしたプロセスを経て報告の質を高めることで「ＮＩＥ」（国家情報評価）の信頼性を担保してきたのである。通常、「ＮＩＥ」が仕上がるまでには一年近くを要する。だが、このイラク関連の情報評価はなんと二週間足らずという急ごしらえの代物だった。

このとき、ブッシュ政権の内部では、対イラク攻撃を想定した戦争マシーンがすでにフル回転していた。サダム・フセイン政権を標的にした武力発動の準備は、秒読みの段階に入りつつあった。Ｘデーはすぐそこまで迫っていたのである。

ブッシュ政権が欲していたのは、来るべきイラク戦争の大義名分だった。それを支える現地での証拠を何としても見つけ出し早急に報告せよ。ブッシュ政権の最上層部からはインテリジェンス機関に対して暗黙のプレッシャーがかかっていた。

こうした状況下で急遽《きゅうきょ》まとめられた「ＮＩＥ」は、全体で九二ページ、表紙には「トップ・シークレット」の刻印が押されていた。なかでも注目を集めたのは「生物・化学兵器開発計画」の項目だった。

「現在、イラク国内では、攻撃用の生物兵器の研究、開発、生産、兵器化のすべての分野で、重要なプロセスが着々と進行している。その多くの分野で湾岸戦争の前よりも進捗を遂げつつあるというのが本評価の結論である」

イラクのサダム・フセイン政権が生物・化学兵器を所有している――報告は自信ありげに断じていた。

## ニュルンベルク収容所の男

実は、アメリカ政府の「NIE」(国家情報評価)の枢要な部分は、「カーブボール情報」と呼ばれるヒューミント(人的情報源)に深く依拠していた。この特異な情報の源に遡っていったのは、『ロサンゼルス・タイムズ』紙で長く調査報道に携わってきた気鋭のジャーナリスト、ボブ・ドローギンだった。後に出色のノンフィクション作品、その名も『カーブボール』で情報提供者の全貌を明らかにしてみせた。

一人のイラク人男性がドイツのミュンヘン国際空港に降り立ち、ドイツ当局に政治亡命を願い出た。男が差し出したパスポートには「アフメド・ハサン・ムハンマド」と記されていた。ドイツでの滞在を認めるビザのスタンプは押されていなかった。九・一一テロ事件が起きる二年近く前の一九九九年一一月のことだった。

イラクから来た男は、バグダッド大学でサイエンスを学び、政府の軍事委員会の統制下にある化学企業のエンジニアとして在学中から働いていた。この化学工場は軍の設計機関に属していたらしい。アフメドはニュルンベルク郊外にある「難民尋問センター」にまず送られた。ここで調査官による尋問が繰り返され、政治亡命の申告内容は事実なのか、サダム・フセインが送り込んできた二重スパイの可能性はないのか、徹底した品定めが行われた。

調査が進むにしたがって経験豊かな尋問官が次々に現れ、長時間の尋問が続けられていった。イラクから亡命してきたというのはそもそも本当なのか。本国では実際に政治的な弾圧を受けていたのか。犯罪組織に属する単なるワルではないのか。

尋問はマニュアルに沿って進められ、様々な角度から質問がぶつけられた。このイラク人技術者は、核関連の技術をドイツから盗み出すため、イラクの情報組織から派遣されたスパイの可能性はないのか——尋問官の関心はその一点に注がれていった。

一通りの身元調査と尋問が済んだ頃合いを見計らって、いかにも老練なインテリジェンス・オフィサーがアフメドの尋問に登場した。**BND**（ドイツ連邦情報局）から派遣された尋問官だった。BNDの前身は、第二次世界大戦中にカナリス提督に率いられたナチス・ドイツ軍の諜報機関の系譜を継ぎ、冷戦期にはアメリカの占領軍と共に対ソ情報戦を担った「ゲーレン機関」である。BNDは、伝統的に一級のクレムリン情報を持ち、優れたインテリジェンスの人材を擁して、西側同盟の盟主アメリカにとって重要な連携相手だった。

ナチス・ドイツの時代から戦後の冷戦期を通じてしたたかに生き抜いてきたＢＮＤにとって、このイラク人技術者は「使える存在」に映ったようだ。イラクから来た男にはダイヤモンドの鉱脈が埋まっていると尋問官の勘は告げていたのだろう。

## 「カーブボール」の誕生

亡命を希望するアフメドにとって、ＢＮＤの尋問は、まさしく生き残りを賭けた戦いだった。ＢＮＤの尋問官に「使えそうだ」と見込まれれば、ドイツへの正式な政治亡命が認められ、永住権、さらには糊口をしのぐ仕事まで手にすることができる。さらなる幸運に恵まれれば、広壮な住宅とベンツの高級車を持つことも夢ではない。かすかな希望を手繰り寄せたいという一心でイラクから来た男は一枚の交渉カードをそっと差し出した。

「サダム・フセイン政権はドイツ製の装置を駆使して大量破壊兵器を造っている」

ＢＮＤのインテリジェンス・オフィサーたちは、この証言に色めき立った。ドイツの企業が生物・化学兵器の製造に関与しているとすれば、ドイツ政府もまた間接的に独裁国家の悪行を支援していることになり、国際社会の非難を浴びるのは避けられない。

この男が、「細菌博士」の異名をもつリハブ・ラシード・タハのもとで働いていたという供述もドイツ側を慌てさせた。タハ博士こそイラクの生物兵器開発を担った大物であった。イラクが極秘裏に進める大量破壊兵器の研究・開発のベールを剝ぎとるまたとないチャンスとなるかもしれない。尋問官たちの功名心をくすぐるには十分すぎる内容だった。アフメドは生物兵器にはさほど詳しい知識はなかったが、生物兵器の生産施設についてはは精緻な情報を持っていた。

「外部の目を逃れるため、イラク政府は移動式工場を使って、細菌やウィルスの生物兵器を製造している」

彼は移動式の生物兵器工場の設計に携わった事実を漏らした。これらの施設は、一九九七年の夏には運用可能になったと証言している。同僚と共に三台の大型トレーラーの内部に細菌兵器工場を完成させたという。この大型トレーラーを収容するための格納倉庫の設計にも携わり、入口には特殊なドアまで設置したことを明かしている。これらのトレーラーや倉庫には入念な擬装まで施したと誇らしげに語り、尋問官たちの食欲をそそったのだった。

自分はまたとない極秘情報の提供者だ――。アフメドは尋問官たちを存分に惹きつけて、ストーリーを紡ぎ続けた。情報を小出しにして尋問官の気を引き、情報の価格を巧みに吊りあげ、自分の値段を少しずつ高めていった。だがこの時点では、自らが語る「移動式の生物兵器工場」の話が、祖国イラクを悲劇的な戦争の淵に突き落とすことになろうとは思ってもみなかった。

いつのころからかイラクから来た男は、「カーブボール」というコードネームで呼ばれるようになった。米ソ冷戦の時代、兵器関連の情報を提供してくるソ連側の情報源は「ボール」と呼び慣わされていた。そこから様々な「ボール」が派生していった。アフメドはそうした兵器関連の情報源の系譜を継ぐ者として位置づけられ、BNDの内部では「一級品のくせ球」として出世していった。

## 増殖する偽情報

九・一一テロ事件が起きたその翌月、炭疽《たんそ》菌の恐怖がアメリカの首都ワシントンを覆い尽くした。アメリカ連邦議会に炭疽菌入りの手紙が届けられ死者を出したからだ。この事件によってドイツが抱える情報源「カーブボール」の価値は、みるみる高まっていった。

当初はBND（ドイツ連邦情報局）の小さな培養器にひっそりと収まっていた「カーブボール」は、限られた尋問官たちが抱え込んでいた獲物にすぎなかった。だが、「炭疽菌の手紙」を養分として、培養器のなかの情報源の価値は、瞬く間に膨らんでいった。

「生物兵器を製造する三台のトレーラー」にアメリカのインテリジェンス・コミュニティがに

わかに関心を示し始めた。「カーブボール」の情報は、DIA（国防情報局）を経由してCIAに渡された。CIAではWINPAC（兵器諜報・不拡散・軍縮センター）が「カーブボール」情報の分析・評価を担当することになった。当時のCIAには細菌やウィルスの生物兵器に精通した専門家はわずか六人しかいなかった。「奇人変人隊」というニックネームを頂戴する少数派だった。このチームが「カーブボール」の調査をもっぱら担い、その果てにアメリカをイラク戦争に誘っていくことになる。

大切な情報源は安易に他人の目に晒してはならない——。情報の世界に永く言い伝えられてきた戒めである。ドイツの諜報機関もこの教えに忠実だった。CIAの専門家チームにアフメドを面談させたのはたった一度であった。CIAは細菌戦に詳しい医師をドイツに派遣してアフメドを診察させ、生物兵器を扱う者たちに打たれる感染予防注射の痕跡がないかを調べさせた。果たして免疫反応の結果は陰性だった。しかも検査当日にアフメドは二日酔いで現れ、医師はこの証言者の精神状態に疑念を抱かざるを得なかった。

情報源の信頼性が揺らいでいるにもかかわらず、ブッシュ政権の中枢では「カーブボール」はなお肥え太っていった。

ブッシュ大統領の「一般教書演説」やパウエル国務長官の「国連演説」でイラクが隠し持つ生物・化学兵器はしばしば取りあげられ、対イラク開戦の大義名分となっていく。アメリカ国防総省でも従軍記者の募集が打診され、候補者は軍の施設に収容されて、毒ガスや細菌戦から身を護るガスマスクの装着訓練まで課されたのだった。防護服を身に着けた従軍記者は号令から九秒以内に防毒マスクを装着することが義務付けられた。こうした訓練を通じてメディアを取り込む巧みな心理戦が繰り広げられた。

イラク戦争が始まって三ヵ月後、CIAで生物・化学兵器担当の責任者に任用されたデイヴィッド・ケイ特別顧問は、大量破壊兵器を見つけるべく調査団を率いてバグダッド入りした。そして「奇人変人隊」と共に「カーブボール」情報を拠り所に大がかりな調査に着手した。だが、どこを探しても、誰に訊ねても、生物・化学兵器の製造工場は、その片鱗も見つからなかった。疑惑の大型トレーラーや倉庫に踏み込んでみても、ことごとくが普通の代物にすぎなかった。余りの徒労に調査団のメンバーには幻覚を訴える者まで現れた。

結局、アメリカの調査団は、「カーブボール」の信憑性を裏付ける証拠を何ひとつ見つけ出すことができなかった。

## ニジェール産ウランという蜃気楼

ニジェール産ウランが密かにイラクの手に――。

この誤ったインテリジェンスもまた「ブッシュのアメリカ」をイラク戦争に誘う媚薬となった。ブッシュ政権の戦争マシーンはうなりをあげてフル稼働し、対イラク攻撃はすでに既定の方針になりつつあった。イラクを取り囲むようにクウェートやカタールなど対米協力国に次々に兵站拠点が造られていった。対イラク攻撃が始まるやアメリカ軍の部隊を電撃的に投入する「衝撃と恐怖」作戦の準備が着々と進められていた。

二〇〇二年一〇月、国連安全保障理事会を舞台に、イラクへの武力行使を容認する決議をめぐって、アメリカ支持派と戦争阻止派の駆け引きがヤマ場を迎えていたのだが、ブッシュ政権に欠けていたのは戦争の名分だった。サダム・フセインが大量破壊兵器を持っているという決定的な証拠を示して、内外の戦争反対勢力を沈黙させねばならなかった。

「飢えた猟犬の眼前に投げ与えられた血の滴るような肉。それがあのニジェールのウラン鉱の話だった」

アメリカ国務省でパウエル国務長官に仕えた外交官は、ネオコン（新しい保守派）を飢えた犬に譬《たと》えている。

アメリカ政府のインテリジェンス・コミュニティは、こうした政治の空気に突き動かされるように、政権首脳が渇望する機密情報を差し出してしまったと、ＣＩＡ幹部は後に自戒をこめて認めている。

「サダム・フセイン政権は、アフリカのニジェールから、ウラニウムを濃縮して造った酸化ウラン、いわゆるイエローケーキ五〇〇トンを買い付けようとしている」

このニジェール情報は、そもそもイタリアの情報機関が摑んできたものだった。コリント（情報協力）を通じて知らせを受けたイギリスのSIS（秘密情報部、通称MI6）は「信頼度は最低レベル」と評価していた。だが、念のためといった軽い気持ちでニジェール情報をCIAに通報した。だがあろうことか、ブッシュ大統領がシンシナティで行う重要演説にこの情報が盛り込まれそうになった。さすがのCIAも事実の裏付けが取れないとして、一度は大統領スピーチからニジェール情報は落とされた。

情報の真偽を確かめるため、CIAはジョセフ・ウィルソン大使を急遽現地に派遣した。ニジェールがウラニウムをイラクに売却した事実があるのか。フランス語が堪能でアフリカでの経験が豊富なベテラン外交官に、詳細な調査が命じられた。

「一九八八年にイラクの通商団からニジェールとの交易を拡大したいと提案されたことはある。そのとき、狙いはわが国のウランだとすぐにわかった。しかしその後もイラクとはウラン売買の契約など一切交わしていない」

ウィルソン大使にニジェールの政府首脳はこう証言した。帰国後、ウィルソン大使が取りまとめた「調査報告書」は疑惑に否定的なトーンで貫かれていた。しかし、CIA内部では、ニジェール情報は微妙に化学変化を遂げていった。そして、ブッシュ大統領が二〇〇三年一月末に行った「一般教書演説」に、いわく付きのニジェール情報が堂々と取り上げられてしまった。「イギリス政府が把握している情報によると、サダム・フセイン政権は最近、アフリカから相当量のウラニウムを手に入れたようだ」

この大統領演説から二カ月後の三月二〇日、ブッシュ政権はついにイラク侵攻に踏み切った。憤懣《ふんまん》を抑えきれないウィルソン大使は、七月六日付の『ニューヨーク・タイムズ』紙に「私がアフリカで発見しなかったもの」と題して投稿した。ブッシュ大統領は、アメリカをイラク侵攻に導くため恣意的に情報を操り、イラクが核兵器製造のためにウランを入手したという情報の捏造に手を染めたと告発した。

ホワイトハウスは、翌日、ニジェール情報が間違っていたことをしぶしぶ認めている。だが、ブッシュ政権内のネオコン派からは「ウィルソン憎し」の声が噴き出した。イラク戦争の推進役を担ってきたネオコンの面々は、イラクへの武力行使こそアメリカの正義にかなう戦いであり、同時にイスラエルの安全保障をも揺るぎないものにすると堅く信じる人々だった。

彼らは一斉に反撃に転じた。『ニューヨーク・タイムズ』の投稿記事から八日目の朝、今度はライバル紙の『ワシントン・ポスト』に衝撃的なコラムが掲載された。保守派の名物コラムニスト、ロバート・ノヴァックが「ナイジェリアへの使節」と題するコラムでウィルソン夫妻を血祭りにあげた。

「ウィルソン大使の妻、ヴァレリー・プレイムはCIAの工作員だ」

イラクでの調査にウィルソン大使を推薦したのは、CIA工作員である妻、ヴァレリーだったというのである。縁故で派遣されたウィルソンの「調査報告書」など信頼できないというわけだ。ウィルソンの「調査報告」などCIA長官も読んだかどうかさえ疑わしく、ましてや、ブッシュ大統領の目に触れたはずがないと、ノヴァックは報告書の信頼性に疑いを投げかけた。

**情報工作員の身元は決して明かしてはならない**――。インテリジェンスの世界にはこんな厳しい掟がある。アメリカでも法律でCIA工作員の身元を明かすことを禁じている。工作員の素性が公表されてしまえば、情報活動に重大な支障をきたし、時に情報協力者の生命にさえ危険が及ぶ。CIAはノヴァックの記事を受けて、司法省に犯罪捜査を求めた。こうしてFBIによって誰がCIA工作員の身分をリークしたのかの捜査が始まった。

FBIの捜査は、ホワイトハウスのカール・ローヴ次席大統領補佐官、ルイス・スクーター・リビー首席副大統領補佐官、そしてチェイニー副大統領までもが対象となり、政権の屋台骨を揺るがす事件に発展していった。だが皮肉なことにコラムニストのノヴァックにヴァレリーの身分を明かしたのは、ネオコンと対峙する穏健派のリチャード・アーミテージ国務副長官だった。

このニジェールのケースほど、機密情報が様々な国の情報機関を経るうちに変貌してしまう恐ろしさを物語るものはない。そもそもの震源地はイタリアだった。ＳＩＳＭＩと呼ばれるイタリアの情報機関の長官、ニコロ・ポラーリが、素性の定かでない情報屋から摑まされたネタが発端だった。ところがこの情報は「ニジェール文書」と銘打たれ、イギリスの対外情報機関であるＳＩＳに流れていった。ＣＩＡの担当者は次のように述懐する。

「ニジェール情報がローマからワシントンに直接手渡されたなら、最初から用心して臨んだはずだ。だが、イギリスの情報機関を経由してきたことで警戒を緩めてしまった」

イラクの大量破壊兵器問題をめぐっては、のちに複数の公的調査機関がアメリカ議会などに報告書を提出している。イラク国内には核兵器はもとより、生物化学兵器なども存在せず、具体的な開発計画すら認められなかった。加えて、サダム・フセイン政権が国際テロ組織アルカイダと関係を持っていたという裏付けも得られなかった。ついにブッシュ大統領も「機密情報の大半は間違っていた」と公式に認め、虚偽の情報に基づいてイラクへの武力攻撃を決断した事実が明らかになった。

一方、イラクのサダム・フセイン政権は、よもやアメリカの武力行使などあるまいと見通しを誤り、国連の査察チームに協力しようとしなかった。あたかも大量破壊兵器を持っているかのようにふるまった。そうすればイラク侵攻を阻む抑止力になると考え、自滅の道を歩んだのだった。

## インテリジェンスの教訓

「カーブボール」と「ニジェールのウラン」の偽情報。

インテリジェンスに関わる者に、これらの事件は三つの貴重な教訓を残している。

その第一は、**インテリジェンス・オフィサーは、自らが扱う情報源に決して惚れ込んではならない**というものだ。魅力的に映るヒューミント（人的情報源）ほど適度な距離を保たなければ、冷徹であるべき分析眼が狂ってしまう。

ドイツの情報機関も「カーブボール」という亡命者が持ち込んだ魅惑的な情報に振り回され、客観的な判断力を次第に喪《うしな》っていった。その果てにアメリカの情報機関に大量破壊兵器のインテリジェンスを渡し、イラクが生物・化学兵器を持っているという虚構の連鎖を作り上げてしまった。「カーブボール」は、超大国のインテリジェンス機関を迷走させただけではない。ついにはアメリカというスーパー・パワーを対イラク攻撃へと駆り立てていった。

だが、その責めを現場のインテリジェンス・オフィサーだけに負わせるわけにはいかない。サダム・フセインが生物・化学兵器の製造に手を染めている証拠を何としても見つけ出せ——。情報機関の最前線に無言のプレッシャーをかけ、国家のインテリジェンス・サイクルに狂いを生じさせた政治リーダーの責任は重い。

第二は、**国家の舵取りを担う指導者は、インテリジェンス機関に自らの胸の内を悟らせてはならない**という教訓だ。政治リーダーが決断の落とし所をインテリジェンス・オフィサーに知られてしまえば、国家の属僚は、権力者に迎合した情報を見繕《みつくろ》って上げてくる危険がある。そうなれば冷徹にして客観的であるべき情報に狂いが生じてしまう。

「カーブボール」をかくも巨大な情報源に仕立ててしまったのは、「ブッシュのアメリカ」の胸の内が透けて見えてしまったからに他ならない。九・一一テロ事件が起きた二〇〇一年の暮れには、アメリカのインテリジェンス・コミュニティは「ブッシュの戦争」が始まろうとしていたことを薄々気づいていた。その結果、ブッシュ政権が懸命に探し求めていたイラク攻撃の大義名分を裏付けるようなインテリジェンスを競ってホワイトハウスに持ち込んでいたのである。歪んだインテリジェンスは誤った政治決断を生んでしまう。

第三の教訓は、**政治指導者の意思決定のプロセスと情報の収集・分析のプロセスを截然《せつぜん》と分離しておくこと**だ。インテリジェンス機関を政治の意思決定に参画させれば、情報を扱う者たちは恣意的に操作した情報を政治指導部にあげて、自分たちが望む方向に政治決断を誘導することが可能になる。

ネオコンは、独裁者サダム・フセインをイスラエルの主敵とみなして対イラク戦争を主導した。ネオコンがアメリカの世論を対イラク攻撃に導く最大の武器としたのが「イラクに大量破壊兵器有り」というキャンペーンだった。情報機関の幹部たちは、後に議会での証言に召喚され、「恣意的にわれわれの情報が利用された」と抗弁している。だが真相は、ネオコンの意を迎えて確度の低い情報を十分な裏付けもないまま政権側に渡していたのである。

ブッシュ政権を大義なき戦争に駆り立てた主因の一つは、政治指導部とインテリジェンス・コミュニティの歪んだ関係にあった。

## 「イスラム国」の過小評価

アメリカのブッシュ政権は、「サダム・フセインの大量破壊兵器」の脅威を自ら膨らませることでイラク戦争に突き進んでいった。二〇〇三年の戦役こそ、現下の中東情勢を果てしなき混迷に陥れていく出発点となった。イラクの独裁者をアメリカの武力で取り除き、彼の地に民主主義を移植する——そんなネオコンの野望がいかなる結果を招いてしまったのか。もはや多くの説明は要らないだろう。

イラク戦争は「情報の過大評価」から始まったが、いま国際社会の重大な脅威となっている

「イスラム国」は、アメリカのオバマ政権が犯した「情報の過小評価」がその肥大化を許してしまった。その果てにいま「イスラム国」は、中東全域、さらにはアフリカ大陸や中央アジアにまで浸透して、国際社会の秩序を液状化させ、さらなる混沌をつくりだしている。

オバマ大統領は記者会見で、情報機関が評価を誤ったと述べている。

「われわれは『イスラム国』の脅威を過小評価していた」

アメリカ大統領自身が「情報の過小評価」をここまで直截に認めるのは異例といっていい。

陸、海、空、海兵の最高司令官として四軍を統率するアメリカ大統領は午前八時半から毎朝三〇分間、アメリカのインテリジェンス・コミュニティからＤＰＢ（インテリジェンス・ブリーフィング）を受ける。休暇中も、外遊先でも、ＤＰＢだけはかならず日程に組まれている。

オバマ大統領へのＤＰＢに「イスラム国」の動向はしばしば取りあげられた。だが、この国家ならざる国家の動向をインテリジェンス機関は的確に摑むことができず、「イスラム国」の脅威を正確に評価できなかったことを大統領は指摘したのだろう。

大統領の苦言にアメリカのインテリジェンス・コミュニティは深甚なショックを受けた。ＣＩＡをはじめとする情報機関は、「イスラム国」がかくも増殖し、アメリカの安全保障を根底から揺るがすような存在になることを予測できなかったと叱責されたと受け取ったのである。

だが、**配下の情報機関から精度の高いインテリジェンスを吸いあげるのはもっぱら政治指導**

**者の器量にかかっている。**それだけにオバマ発言は、インテリジェンス・コミュニティを敵に回し、士気を粗相させるものだった。**優れた政治指導者は、いかなる情報分野に関心を持っているかを的確に伝えて、インテリジェンス・サイクルを効果的に回す。**オバマ大統領は情報機関を統括する資質に欠けていることを自ら認めてしまった。

チャック・ヘーゲル国防長官は、「イスラム国」の脅威に対抗するため地上軍を増派すべしと主張してオバマ大統領と対立した末、辞任に追い込まれた。ポストを去る前に次のように述べている。

「『イスラム国』は洗練された戦略と戦術上の軍事能力を兼ね備え、そのうえ莫大な資金を有している。従来のテロ組織の域をはるかに超えた存在であり、われわれがこれまで目にしたことがない組織なのだ」

二〇一五年五月半ばの段階で、「イスラム国」の武装勢力は、イラクの首都バグダッドを窺うように展開している。これに対して四軍の最高指揮官としてのオバマ大統領は、イラクからシリアにかけて空爆の範囲を広げる一方で、すでに三四五〇人まで地上部隊を積み上げつつある。軍事作戦で最も避けなければならない戦力の逐次投入に追い込まれようとしている。

大統領を誤った判断に誘い込んでいる元凶、それは的確なヒューミント（人的情報源）を欠いたまま、インテリジェンス・サイクルが機能不全に陥っていることにある。

## 国家の生き残りを賭けて

本書を締めくくるにあたって、「インテリジェンス」の定義にいま一度立ち戻ってみよう。**インテリジェンスとは、熾烈な国際政局のなかで国家が生き残るために必要にして不可欠な情報である。**

インテリジェンスを考察する者は、あくまで国家を前提としていることがわかるだろう。だが国家とはそもそもいかなる存在なのだろうか。国家はその領域に暮らす国民に生存のための礎《いしずえ》を提供している。社会の治安を維持するための司法・警察制度もその柱の一つだろう。

しかしその一方で、国家は国民を抑圧する装置も兼ね備えている。国民から強制的に税を徴収し、納税の義務を果たさない者には、税金を納めるよう督促がなされ、従わなければ逮捕されることもある。国家の持つ強制力を象徴的に体現しているのは何と言っても徴兵制だろう。国家は自国の若者を有無を言わせず戦場に送って、死を命じる究極の権力を内に秘めている。徴兵を拒めば逮捕され、刑務所に送られる。国家の本質は圧倒的な強制力にあり、根底には暴力装置を備えている。

強国がしのぎを削る国際社会にあって、国家は自らの利益を優先させて舵取りを行う。国際協調とは、剝き出しの国益を覆い隠して、他国の反発を買うのを避ける美辞麗句でもある。いかなる強権国家も国益を露骨に追い求めれば他国との摩擦を嵩じさせてしまう。表向きは国際社会との協調を装わざるを得ない。だが国家間の関係は、あくまで国益のぶつかりあいを基本にしている。

国家同士の衝突が制御できなくなり戦争に発展してしまうと、主権国家の激突という現実の前に戦争を禁じた国連憲章など無力である。主権国家群に睨みを利かせて、いざとなれば懲罰を加える暴力装置を、国際社会はいまだに持っていないからだ。戦後七〇年を経たいまも本格的な国連軍は存在しない。

**国家間の戦争とインテリジェンス活動は、表裏の関係にある。**主権国家はひとたび戦争に負ければ消滅の危機にさらされる。他国の軍隊の占領下に置かれてしまえば、表向きは存立を許されても、国家主権を奪われた擬似国家に過ぎない。第二次世界大戦に敗れたニッポンがまさしくそうだった。一九四五年八月から一九五二年四月まで、六年八ヵ月の長きにわたってGHQ（連合国軍総司令部）の支配下に置かれた従属国だった。

主権国家がひとたび戦争に敗北すれば、国家の舵とりを自身の手で行えなくなる。**インテリジェンス活動の究極の目標は、戦争で負けないことにある。**それゆえ主権国家のインテリジェンス機関は、ライバル国家の動向を注意深く探るポジティブ・インテリジェンス（積極諜報）

に取り組み、外国のスパイやテロリストが国内に浸透してくるのを防ぐカウンター・インテリジェンス（防諜）に万全を尽くさなければならない。

## 究極のスパイ、リヒャルト・ゾルゲ

リヒャルト・ゾルゲは、インテリジェンスの歴史にいまもその名を深く刻んでいる。「二〇世紀が生んだ最高のスパイ」と形容されている。

ソ連赤軍の情報部員にして、ナチス・ドイツの新聞特派員でもあった伝説のスパイは、巣鴨の東京拘置所で絞首刑に処された。日本の敗戦の様相が濃くなっていた一九四四年一一月七日のことであった。この日はケレンスキー首相のロシア政府を倒したボリシェビキの革命が成ったソ連のナショナルデー「一〇月社会主義革命記念日」にあたっていた。日本の公安当局は、政権の中枢から思うさま機密情報を掠め取ったソ連邦にあてこすりの意を込めて、敢えてこの日を選んでゾルゲを絞首台に送ったのだった。

死刑当日の点呼では、死刑囚の「称呼番号」だけでなく、氏名、生年月日、現住所も確認される。処刑の朝、ゾルゲも常とは違って細かな点まで確認された。それによって「これから俺は処刑されるな」と気づいたという。

拘置所長が、「何か言い残すことはないか」と尋ねたのに対し、ゾルゲは「何もありません。みなさまの御厚情に心から感謝いたします」と応じている。

ゾルゲは処刑場におとなしく引かれていき、輪になった縄が首にかけられた。ガタッ、足もとの板が音をたてて落ちた。ゾルゲの身体も落ちて宙吊りになる。午前一〇時二〇分だった。それから一六分後の午前一〇時三六分、検死官がゾルゲの死を確かめている。世紀のスパイの最期は極めて散文的だった。

ゾルゲ逮捕の報に接したときも、処刑されたときも、ソ連当局の反応は、氷のように冷ややかだった。

「ゾルゲなどという奴は知らない」

ひとたび検挙されて、身元が暴かれた諜報員など、国家が生き残っていくために無用の存在とみなしたのだろう。リヒャルト・ゾルゲの名誉が回復されるには、二〇年もの歳月を要している。一九六四年一一月五日、ソ連邦の指導部は、ゾルゲがソ連赤軍の諜報員だったことをようやく認め、「ソ連邦英雄」の称号を与えたのである。

ゾルゲを再評価するというソ連指導部の意向を反映して、後に出版されたソ連邦の著作では、ゾルゲの死も見事に脚色されている。

ゾルゲの最期を看取った教誨師が「何か願いはありますか」と尋ねたところ、「最期のお願いです。最前線の様子について教えてください」と答えたとドラマ仕立てになっている。教誨師を務める僧侶が、処刑人を制して、拘置所長に彼の希望を叶えるよう強い調子で促したと記している。これに応じて「ロシアにドイツ軍はもういない」と教えたことになっている。「人々が私たちのことを忘れないと信じています。ソ連邦万歳！　赤軍万歳！」と唱えて刑場に消えたとセルゲイ・ポリャコフ、ミハイル・イリインスキー共著『ゾルゲ　諜報機関員の功績と悲劇』（ベーチェ出版社、モスクワ、二〇〇一年刊）は描写している。

日本でのゾルゲのスパイ活動とはいかなるものだったのか。

**ゾルゲのインテリジェンス活動は、情報収集の王道というべきヒューミント（人的情報源）にあった。**

リヒャルト・ゾルゲが操っていたヒューミントは途方もないものだった。自らが忠誠を捧げるモスクワが主敵とみなすヒトラーのドイツと東條の日本、その二つの中枢に通じた情報源を存分に操り、超一級のインテリジェンスを入手していたのである。

インテリジェンスの世界には、通信を傍受したり、情報衛星を駆使したりして、標的国が秘匿している極秘情報を入手する「シギント」という技法がある。これに対して「ヒューミント」はエージェント（協力者）を通じて情報を得る技法である。傑出したスパイは、「ヒューミント」のプロフェッショナルなのである。

ゾルゲもまたドイツでナチス党に入党し、東京のドイツ大使館に食い込んでオットー駐在武官の私設諜報員となった。彼が入手する情報は正確にして無比だった。二つの条件が満たされていたからだ。ゾルゲの操る協力者は、政権の中枢にいるヒューミント（人的情報源）と直に接することができ、彼の協力者は極めて正確にゾルゲに情報を伝えていたからだ。

ゾルゲの協力者は、近衛文麿総理のブレーン、尾崎秀實《ほつみ》だった。尾崎は、内閣の中枢に在って総理や内閣書記官長に接することができ、信頼するゾルゲに機密情報をことごとく伝えていたのである。

ゾルゲは、ドイツの一流紙『フランクフルター・ツァイトゥング』の特派員にして、後のオットー駐日ドイツ大使のアドヴァイザーでもあった。彼の忠実なエージェント尾崎秀實から得た一級の機密情報をオットー大使に提供していた。この限りでは、ゾルゲはオットー大使の有能なスパイだったのである。

同時にゾルゲは、ソ連赤軍にも機密情報を送っており、時にスターリンのもとにもゾルゲ電は届けられていたと見られる。ゾルゲはまさしくベルリンとモスクワという二人の主人に仕える「二重スパイ」だったのである。

ゾルゲに情報を提供した尾崎は、ソ連の共産主義に共感を抱き、日本はソ連と決して戦うべきではないと考えていた。ゾルゲは、尾崎情報を次のように記している。

「尾崎がもっていた最も重要な情報の源は近衛公爵を取巻く一群の人々であった。それは一種のブレーン・トラストで、その中には風見〔章〕、西園寺〔公一〕、犬養〔健〕、後藤〔憲章〕および尾崎自身がいた。ほかにももっといたかも知れないが、私が時折聞いて憶えているのはこうした名前であった。尾崎と私とはこの連中を指して近衛グループと称していた。そして、モスクワへの報告の中では、私はこの連中を『近衛側近』と呼んでいた。内政および外政に関する尾崎の情報の大部分が、もし尾崎自身の豊富な知識と妥当な判断から出てきたものでないとすれば、それはこのグループから出てきたものに違いない、と私は思っていた」（リヒアルト・ゾルゲ『ゾルゲ事件　獄中手記』（岩波現代文庫）

尾崎情報の質がピークに達したのは、いうまでもなく近衛文麿が総理を務めていた時だった。近衛内閣の内政および外交上の政策形成に影響を及ぼしていた尾崎の情報は、軍上層部の動向や立案中の計画をも密かに摑んで超一級だった。

帝国陸軍が主導する日本が果たしてソ連邦を攻撃するのか――これこそ世紀のスパイ、ゾルゲが全存在を賭けて挑んだテーマだった。だが、日本の軍部の防諜体制は鉄壁であった。さしものゾルゲも日本軍の中枢には一級のヒューミントを築くことができなかった。

替わってゾルゲが採ったのは一種の迂回作戦だった。具体的な軍事行動は帝国陸軍が統裁しているとはいえ、天皇や重臣を含めた政治指導部の意図を踏まえて作戦は策定される。従って、政治の中枢に深く食い込んで機密情報を入手すれば、やがて発動される軍事行動についても正確な予測ができると考えたのだった。

ゾルゲは近衛文麿のブレーン・トラストに照準を定めて、貴重なヒューミントを得ていった。こうしてもたらされる超弩《ど》級のインテリジェンスによって、日本は北進してソ連邦を攻撃せず、南進して英米と戦端を開くことを予測して誤らなかった。

## 「XX委員会」

日本の統帥部が、満洲に配備していた関東軍の精鋭部隊を密かに南方に移動させつつあったまさにその時、イギリスではウィンストン・チャーチル卿がついに首相として戦時内閣を率いることとなった。ミュンヘン会談で対独宥和政策を受け入れたチェンバレン内閣を鋭く批判したチャーチル卿は、ドイツへの宣戦布告を機に戦時内閣の海軍相となった。イギリス海軍省が全艦隊に「ウィンストン復帰セリ」と打電したエピソードは広く知られている。チャーチル待望論が海軍にどれほど行き渡っていたかを物語るだけではない。チャーチル卿は野に在った時にも、イギリスの軍部に私的な情報網を張り巡らしていた。そして入閣したその日から「ウィンストンのインテリジェンス・サイクル」はうなりをあげて回り始めたのだった。未曾有の危機のなかにあった大英帝国の命運は、インテリジェンス感覚に秀でた宰相に委ねられることになった。

一九四〇年五月末から六月初めにかけて、総勢三三万に及ぶイギリスの欧州派遣軍は、ドーバー海峡に臨むフランスの港街ダンケルクから撤退する作戦を余儀なくされていた。

やがてヒトラーはイギリスへの侵攻を決意し、それに先駆けてイギリス全土に大がかりな空襲を命じている。この年の八月のことだ。ドイツ空軍の爆撃機はロンドン大空襲を敢行し、それを迎え撃つイギリス空軍機との間で熾烈な空の戦い「バトル・オブ・ブリテン」が繰り広げられた。航空機の数で優勢に立つナチス・ドイツは勝利を疑わなかった。この年の夏から冬にかけて、ドイツ空軍の大編隊はイギリス全土の都市を目指して烈しい空爆を続けたのだが、劣勢のはずのイギリス空軍はことのほかしぶとかった。撃墜されたドイツ空軍機は彼らの予想を遥かに上回るものだった。

実は一九四〇年の三月には、イギリスの暗号解読機関ブレッチリー・パークで天才数学者アラン・チューリングが考案したコンピュータの原型「コロッサス」を使った暗号解読システムが完成しつつあったのである。これによって「謎」を意味するドイツの暗号「エニグマ」は少しずつ解かれるようになっていった。複雑を極めた方式のゆえに「絶対に破られることはない」とドイツ側が豪語していた難攻不落の堅城も落ちかけていたのだ。

イギリスの情報当局による暗号解読に加えて、航空機の機影を地上から捉え、編隊の侵入ルートを予測できる航空レーダーが開発された。この新鋭兵器によって、イギリスの戦闘機はドイツの爆撃機を効果的に迎撃できるようになった。「バトル・オブ・ブリテン」は次第にイギリス側に有利に推移していった。敵の交信を傍受して、エニグマ暗号を解読し、ドイツ側の作戦の意図を読み解く。レーダーが敵の機影を捉えて針路を予測する。「シギント」が実戦で大きな成果を挙げた初めての例となった。

だが、情報大国イギリスの真骨頂は、何といっても第一級のヒューミントを駆使して、国家の生き残りを図った点にこそある。第二次世界大戦が勃発する時点で、イギリスとドイツは干戈を交えることを想定していなかった。このため双方ともに相手の国内にこれといったヒューミントのネットワークを持っていなかった。

情報戦の名将、カナリス提督に率いられたナチス・ドイツの国防軍諜報部（アプヴェーア）は、イギリス国内になんとかスパイを浸透させ、自前のヒューミント網を構築しようと試みた。高度な訓練を受けた情報要員を育て、過酷な状況下で危険な任務を遂行できるスパイをイギリス国内に潜入させたい――。こう考えたアプヴェーアは、占領下のフランスにナント支局を創設し、イギリスを攻略する拠点とした。

イギリスに送り込むには、英語を完璧に話す、できればイギリス人が好もしい。アプヴェーアのナント支局は、ドイツの占領下にあったジャージー島で対独協力者を募り、反英感情に燃えるウェールズ人を見つけ出し、スコットランドの独立主義者にして狂信的なナチ信奉者を勧誘して、プロフェッショナルなスパイに仕立てていった。そして彼らをUボートに潜ませて、ゴム製の救命ボートで海岸に上陸させ、さらには空襲に紛れてパラシュートでイギリス国内に送り込んでいった。

第二次世界大戦を通じて、アプヴェーアがイギリス国内に浸透させたスパイ要員は総勢で四〇〇人を超えたという。これを迎え撃ったのは、イギリスのカウンター・インテリジェンス機関である保安局情報部（通称MI5）だった。解読したエニグマ信号を最大の武器にスパイのことごとくを逮捕している。そして「死刑になるか、二重スパイとしてイギリスのために働くか」と選択を迫ったのである。

ロンドンのセント・ジェームス通り五八番地——。赤煉瓦の古風なスタフォード・ホテルやくすんだ壁が周囲の佇まいに溶け込んでいるデュークス・ホテルがひっそりと建ち並ぶ界隈だ。近くには名だたる会員制のクラブが点在し、イギリスのインテリジェンス・コミュニティが隠れ家を置くにふさわしい雰囲気を漂わせている。イギリスの戦時内閣がこの一画にダブル・クロスの意を込めた「XX委員会」を置いたのは決して偶然ではないだろう。

カウンター・インテリジェンス活動を統括していたMI5は、「XX委員会」に、イギリスに侵入してきたナチス・ドイツのスパイをイギリスの二重スパイとして寝返らせて運用する任務を担わせたのだった。そして二重スパイを介してドイツ側に偽情報を流す欺瞞作戦を行わせた。同時に、二重スパイとアプヴェーアが交わす通信内容を仔細にチェックして、イギリスがエニグマ暗号を解読している事実をドイツ側が勘づいているかどうかを探らせたのである。

二重スパイを極秘裏に操ることで、ノルマンディへの上陸作戦などに際して、ドイツ側に偽の上陸地点を教える欺瞞作戦を仕掛け、上陸作戦での犠牲者を少なくしようとした。この「XX委員会」こそナチス・ドイツを打倒する隠れた主役だった。そしてカウンター・インテリジェンス機関とその傘下の「XX委員会」、さらにはポジティブ・インテリジェンス機関MI6を束ねて、イギリスのインテリジェンス・コミュニティすべてを統括していたのは、ウィンストン・チャーチル卿に他ならなかった。戦時の宰相は、苛烈な情勢のもとで情報戦士たちを率い、政府と軍のインテリジェンス・サイクルを粛々と回し、一級の機密情報を吸いあげて誤りなき決断の糧とした。枢軸国との戦いを勝利に導いたのは、インテリジェンス・マスターたるウィンストン・チャーチル卿の力量に負うところが大きかった。

## 裏切りの風土

イギリスに侵入してきたヒトラーのスパイを次々に寝返らせて二重スパイに仕立てあげ、偽りの情報を敵に摑ませて、ドイツ軍の作戦行動を混乱させる。その果てに第二次世界大戦にからくも勝利したイギリス。それは、老情報大国のインテリジェンス活動が頂点を極めた栄光の瞬間だった。

だが皮肉にもその時、この国のインテリジェンス・コミュニティはモグラの一群に蝕まれつつあった。やがて冷戦の主敵となるソ連邦がイギリスの情報機関の中枢に潜ませていた二重スパイが、西側陣営の最高機密をクレムリンに流していた。

冷戦期、西側陣営の盟主となったアメリカの首都ワシントンからポトマック河に沿って車で北西に四五分ほど遡上すると、深い森のなかに「オールド・アングラーズ・イン」が建っている。石造りの堅牢なこの「釣り人宿」には、狩りの名手だったセオドア・ルーズベルト大統領も立ち寄ったという。いまもアメリカ政府の高官がチェサピーク湾で獲れたカニ料理を食べながら密談を交わす場所に使われている。

「あの樹々の何処かにはいまも冷たい戦争の遺物が埋まっているんだ」

ラングレー（ＣＩＡの所在地）の歴戦の強者として知られた情報士官がそう語ったのをいまも憶えている。

「そこにはソ連製の写真機が、フィルビーのスパイ活動を示す秘密の記念品として、六〇年以上も埋められたままになっている」

地中に隠された遺物はまさしく冷戦の墓碑銘だった。

イギリスの情報活動の語り部として評価が高いジャーナリストにしてノンフィクション作家、ベン・マッキンタイアーは、その著書『キム・フィルビー』にこう記している。

戦間期の三〇年代、ケンブリッジ大学に学んで共産主義に染まり、ソ連のスパイとなった五人の仲間たち。その有力メンバーだったキム・フィルビーはやがてＳＩＳ（秘密情報部、通称ＭＩ６）に奉職した。若くして枢要なポストをこなし、やがてワシントン支局長として西側陣営の司令塔に赴いた。だが、キャリアの絶頂にあった彼に思わぬ災厄が襲いかかる。かつての赤い仲間ふたりが二重スパイの嫌疑を受け、モスクワに逃亡してしまったのである。キム・フィルビーの素顔も危うく暴かれそうになる。幾多の機密書類を写したソ連製カメラはこうして森の中に始末された。熾烈な東西情報戦の痕跡を留めたまま、いまもワシントン郊外に眠っている。米ソの対立が険しさを増していた一九五一年の出来事だった。

英国紳士を育てる独特の教育システムこそがスパイという特異な種族を生む温床となっ

た――。ベン・マッキンタイアーはそう断じている。彼らは洗練された所作とウィットに富んだ会話でたちまち人々を魅了した。キム・フィルビーもワシントンの閉ざされたインテリジェンス・コミュニティで人気者となり、ホワイトハウスの最高機密を巧みに引き出していった。クレムリンは労せずして超一級のインテリジェンスを手に入れていたのである。アルバニアでの共産党政権の打倒を画策した英米の情報要員は、フィルビー情報によってことごとく捕捉された。こうして西側陣営は幾多の情報戦士を喪ってしまった。

秘密作戦がこうまで失敗するのは、諜報組織の中枢に裏切り者が潜んでいるからではないのか――。二重スパイの正体を追うMI5は、フィルビーこそ「第三の男」だと疑いを強めていく。その結果、フィルビーはMI6を逐われてしまう。だが、スパイ仲間の密かな工作が功を奏し、MI6の工作員として復帰がかない、要衝ベイルートにイギリスの新聞の中東特派員として派遣された。フィルビー救出に力の限りを尽くしたのは、MI6幹部で親友のニコラス・エリオットだった。

だが、ソ連から亡命してきた大物スパイが携えてきた極秘情報によって、MI5は「第三の男」はやはりキム・フィルビーだと結論付けた。第二次世界大戦のさなか、イギリスの「XX委員会」は、二重スパイを存分に使って敵の手の内を摑み、相手側の作戦の裏をかく手を次々に打っていった。だが東西冷戦ではソ連の対外インテリジェンス機関KGBがキム・フィルビーを二重スパイとして取り込むことで、西側陣営を完膚なきまでに叩きのめしたのだった。SISの幹部にして親友でもあるエリオットは自ら願い出て、尋問官としてフィルビーとベイルートで対峙する。

「イギリス人の非常な礼儀正しさを示す、洗練された死闘だった」

冷戦史上稀にみる対決をベン・マッキンタイアーはこう表現している。

エリオットとフィルビーの果たし合いは「究極のスパイ小説」といわれるジョン・ル・カレ作品と見紛うばかりの迫力だ。英国紳士の内面世界を隅々まで知り尽くしたイギリスのジャーナリストにしてインテリジェンス・コミュニティの観察者《オブザーバー》でなければ、二重スパイの内奥にかくまで肉薄することはかなわなかったろう。

対決の終幕に奇妙な手打ちが行われた。キム・フィルビーは過去の情報活動を認める調書に署名し、エリオットは機密漏洩の罪で訴追しないと告げてコンゴに旅立っていった。キム・フィルビーには監視は一切つけられず、まんまとモスクワへ亡命を果たしている。一九六三年一月のことだった。

ＭＩ６は戦後最大のスキャンダルを封印しようと、裏切り者を敢えて寒い国に逃がしたのだろう。

「イギリスでは、フィルビーはあまりにもイギリス人的だったゆえに疑われなかった」

キム・フィルビー事件は、冷たい戦争を戦うイギリスとソ連邦の双方にとってヒューミントがどれほど重要かを比類なき簡潔さで示している。

キム・フィルビーの裏切りが露呈することは、イギリスの情報当局だけでなく、ソ連邦の情報当局にとっても、決定的な瑕疵《かし》になってしまう。それゆえ、冷戦下の世界を揺るがすキム・フィルビー事件は、双方の国家の意思によって密かに幕が引かれたのだった。

# あとがきにかえて

佐藤　優

二〇〇九年一一月一四日の午前一〇時一二分から一〇時四〇分まで、東京都港区のサントリーホールで、バラク・オバマ米大統領の演説が行われた。鈴木宗男事件に連座した刑事事件で、懲役二年六ヵ月（執行猶予四年）の有罪が、その年六月三〇日、最高裁判所で確定した関係で、当時、私は執行猶予中だった。通常、こういういわく付きの人物に在京米国大使館は招待状を出さない。しかし、なぜか私にも招待状が届いた。

米大統領の身辺警護は厳重だ。それだから八時少し前に会場のサントリーホールに行った。長蛇の列で、飛行機に乗るときと同じレベルのセキュリティーチェックが行われていた。本を読みながら行列に並んでいると「佐藤さん」と声をかけられた。振り向くと、同期の中国語を専門とするキャリア職員だった。既に中堅幹部になっている。外務省関係者の大多数は、人目があるところで、私の姿を見ても、挨拶をしないのが通例であったが、この人は全然気にしていない。昔話や最近の中露関係について、話をしたあとインテリジェンスについてこんなやりとりがあった。

「論壇で活躍するようになってから、佐藤さんの最大の業績は、インテリジェンスという言葉を世の中に広めたことと思う。特に手嶋龍一さんとの本がよかった」

「対中国インテリジェンスの第一人者であるあなたにそう言われると率直に言って嬉しいです」

「外務省でも、心ある人は佐藤さんの本をきちんと読んでいますよ。また、外務省にファンが多い手嶋龍一さんと一緒にインテリジェンスについての本を出すこと自体がインテリジェンスです」

この同期は、チャイナ・スクール（外務省で中国語を研修し、対中国外交に従事することが多い外交官の語学閥）に属する外交官では、最もインテリジェンス能力に長けており、中国の各界に深い人脈をつくっていた。それだから、中国の防諜当局からもにらまれていた。この同期は、お世辞を言わない。私が手嶋龍一氏と一緒に仕事をしていたのでなければ、同期からこのような評価は得られなかったであろう。ここで言及されている手嶋氏との共著は、『インテリジェンス　武器なき戦争』（幻冬舎新書、二〇〇六年）のことだ。確かにこの本を上梓した時点で、「インテリジェンス」は業界用語にすぎず、マスメディアで一般的に流通する言葉ではなかった。同期が言うように、この本には「インテリジェンスという言葉を世の中に広めた」という効果があったと思う。

その後、手嶋氏とは新潮新書で、『動乱のインテリジェンス』（二〇一二年）、『知の武装　救国のインテリジェンス』（二〇一三年）、『賢者の戦略　生き残るための インテリジェンス』（二〇一四年）を上梓した。いずれもインテリジェンスの肝である近未来予測に大胆に踏み込んだ。北朝鮮、ウクライナ、「イスラム国」（ＩＳ）、沖縄など、手嶋氏と私の議論した内容は、その後、現実に起きた出来事を先取りしていたと自負している。

手嶋氏と私の間で、『知の武装　救国のインテリジェンス』を上梓した頃から、「実務の役に立つインテリジェンスの教科書が必要だ」という話がよく出るようになった。インテリジェンスに関する教科書や参考書はいろいろ出ている。ただし、基本的にそれらはＣＩＡ（米中央情報局）の教科書の翻訳もしくは翻案だ。インテリジェンスは各国の文化と深く結びついている。また、インテリジェンスの究極の目的は、「戦争に敗北して、国家を喪失しないこと」であるが、米国の場合、軍事力が突出して優位なので、正しいインテリジェンスを欠いても究極目的を達成することができる。また、米国は、科学技術力（特に偵察衛星と通信傍受技術）が突出しているので、シギント（信号を用いたインテリジェンス）能力は高いがヒューミント（人によるインテリジェンス）能力には限界がある。国際基準のインテリジェンスでも王道はヒューミントだ。幸い、手嶋氏と私は、米国、英国、ドイツ、ロシア、イスラエルなどのインテリジェンス専門家と接触する機会が多かったので、テキストにはならないインテリジェンスの機微についても、ヒューミントを含む若干の知識と経験がある。これらの要素も本書に盛り込んだ。本書を読む前と後では、世界の様子が異なって見えてくるはずだ。

本書を上梓するにあたっては、東京堂出版の吉田知子氏にたいへんにお世話になりました。この場を借りて深く感謝申し上げます。

二〇一五年七月二〇日　曙橋（東京都新宿区）の自宅にて

佐藤　優

# 著者ノート

手嶋　龍一

佐藤優さんの「あとがきにかえて」のゲラを受け取り、本稿の筆を執っている。この人らしい、淡々とした筆致でオバマ演説の会場の模様が再現されている。

だが、インテリジェンス感覚が磨かれた読者なら、そこに貴重な「ヒューミント」がさりげなく盛り込まれていることに気付くはずだ。『インテリジェンスの最強テキスト』を締めくくる「あとがき」にふさわしい。

「二〇〇九年一一月一四日の午前一〇時一二分から一〇時四〇分まで、東京都港区のサントリーホールで、バラク・オバマ米大統領の演説が行われた」と佐藤さんは記述している。じつは私も会場にいたのだが、いままで彼も同じ空間にいたことを知らなかった。あの場に居合わせた者としては、彼の描写が正確無比であることに驚かされる。オバマ演説に備える警備の厳重さから外務官僚との会話にいたるまで、細部が極彩色で記憶されている。

出来事を記した日記を参照して書いているのだろう――。そう考える読者もいるに違いない。だが私の見立ては少し違う。あの日は重要な出来事が目白押しで、「あとがき」に登場した些事など記録しておくはずがない。やはり「ラスプーチン風」の仕掛けで六年近くも前のとりとめのない会話を忠実に再現しているのだ。

この人を招くにあたっては、アメリカ側も持てる「ヒューミント」のすべてを動員したのだろう。万全な警備態勢を敷くため、あの日の招待客は限られていた。誰を招くべきか。新潟県知事は招いていないが、上越の会社経営者には良い席が用意されていた。この人物こそアメリカ海軍の隠れた支援者だった。米艦艇が新潟港に入ると士官ばかりか下士官・水兵まですべての乗組員を自宅の食事に招いている。佐藤さんもまた精査の末に招待リストに載せられたのである。

アメリカ司法省は、日本の裁判で有罪判決を受けた者は入国を認めない。ところが、鈴木宗男事件に連座して懲役二年六ヵ月（執行猶予四年）の有罪が確定したばかりの人物を大統領演説に招いている。しかもアメリカの外交当局にとっては、最も大切なカウンター・パートである外務省の天敵である。真っ先に招待客の名簿から除いてしかるべき要注意人物のはずだ。だが、このロシア専門家は、日本の安全保障の礎《いしずえ》は日米同盟にありと一貫して主張し、アメリカの最重要の同盟国イスラエルから大切に遇されている事実を知っての招きだった。アメリカはあなたと敵対する意思がない――そんなシグナルを送ったのだろう。

オバマ演説が始まるまでの二時間は、私にとっても情報収集の戦場だった。八年間に及んだワシントン支局長時代の終わりに、日米同盟には新たな緊張が高まっていた。その頃、日本政府は国連の安保理常任理事国入りを目指していた。だが、中国が途上国に経済援助をちらつかせて、日本の多数派工作を妨害したためかなわなかった――。悲願を果たせなかった外交当局はそう釈明して回った。だが真相は違う。日本の常任理事国入りを阻んだのは、あろうことかアメリカ政府だった。この時、対米交渉を担った国連代表部の幹部を会場で見つけ、じっくりと話し込むことができた。彼らは自らが犯した失策を自覚すらしていなかった。

各国の外交関係者が一堂に集った会場こそ「ヒューミント」を収集する恰好の場だった。いまインターネット空間は恐ろしいほどの速度で広がりを見せ、その重要性は増しつつある。しかしながら、貴重なインテリジェンスは、人と人のつながりからしか得られない。本書ではわれわれの現場体験を通して「ヒューミント」の大切さを若い世代に伝えたいと考えた。

良質なインテリジェンスは、相手の信頼を勝ち得た後でなければ入手できない。順風が吹いているときなら、だれでも相手と良好な人間関係を築けるだろう。「試練を経た友情のみが真の友情だ」。かつて北京の人民大会堂で会った周恩来はこう語った。烈風が吹きすさぶなかで、鋼のように鍛えられた間柄こそ、嵐のなかでも揺るがないと言いたかったのだろう。

佐藤優さんと共同で著作を編むたびに、戦後日本に決定的に欠けている「しなやかなインテリジェンス指導部」をこの国に創り、若い人材を世に送り出したいと話し合ってきた。この国が再生する礎の一助にと願って編んだ「テキスト」がようやく完成してほっとしている。

二〇一五年八月一〇日　山形県蔵王・雛蔵にて

手嶋　龍一

# インテリジェンス用語解説

## ■インテリジェンス（INTELLIGENCE）

インテリジェンスとは、一国の指導者をはじめとする政策決定者が、安全保障や外交の分野で、国家の生き残りを賭けて決断をくだす際に、判断の拠り所となるよう選り抜かれた情報をいう。国家の情報機関は、安全保障、国防・軍事、治安、組織的テロなどに関する膨大雑多な情報群であるインフォメーションから精緻なインテリジェンスに精選し、「インテリジェンス・リポート」を提出し、政策決定者を誤りなき判断に導くことを目指している。

インテリジェンス・オフィサーは、各国の政府が秘匿している各種の情報を極秘裏に入手し、極秘裏に本国政府に報告する。これらの極秘情報は、現地の工作員を使ったスパイ活動や通信の傍受、さらには政権の中枢に対する秘密工作などを通じて入手される。したがって、外交官による通常の情報収集とは明らかに異なる手段によって得られる情報なのである。それゆえ、国家の政策決定者にとっては、極秘のインテリジェンスは極めて有用な情報となるが、一方で非合法な手段で得られた極秘情報が多く含まれるため、民主主義国家の掲げる自由の理念に反するとして、しばしば論争を巻き起こしてきた。

インテリジェンスは、政策決定者の求めに応じて提供されるため、インテリジェンスの提供側とインテリジェンスの利用側は、常に一定の距離を保っておくことが求められる。インテリジェンスの提供者が政策決定のプロセスに関与することを許せば、「情報の政治化」を招いてしまうおそれがある。インテリジェンス・オフィサーが好ましいと考える政策に決定者を誘導することで、特定のインテリジェンスだけを提供しがちになるためだ。インテリジェンスに関わる者は、政策の決定から距離を置いて客観的な報告を上げることが求められる。

## ■インテリジェンス・コミュニティ（INTELLIGENCE COMMUNITY）

国家の内部には、様々なインテリジェンス機関が併存している。超大国アメリカを例に個別の情報組織を概観してみよう。対外インテリジェンスを担当するCIA（アメリカ中央情報局）。カウンター・インテリジェンスを担当するFBI（連邦捜査局）。通信傍受を担うNSA（国家安全保障局）。軍事インテリジェンスを担当するDIA（国防情報局）。これらの四本柱に加えて、テロを金融分野から取り締まる機関や水際でテロリストの侵入を防ぐ機関など十数のインテリジェンス機関がある。これらを総称してインテリジェンス・コミュニティと呼ぶ。

アメリカ大統領は、これら複数のインテリジェンス機関から報告されるリポートを最終的に受け取り、意思決定の重要な拠り所にしている。だが、大統領は、個別に各機関からの報告に接しているわけではない。現在は国家情報長官が政府部内の各機関から上がってくる情報を取りまとめ、重要度に応じてホワイトハウスに上げる機能を担っている。

重要情報がホワイトハウスに吸いあげられていくこうしたプロセスとは別に、各情報機関が相互に連絡を取り合って意思の疎通を図り、重要情報を分かち合い、複数の機関が同じ事案を扱って同じ報告をホワイトハウスに上げるような事態を避けるよう、政府のインテリジェンス・コミュニティを有機的に機能させるための調整が図られている。

日本でもインテリジェンス・コミュニティは存在するが、内閣情報調査室、警察、防衛省、外務省、公安調査庁では、重要情報を他の組織と共有しているとは言いがたく、官邸に個別に重要情報が報告されるケースもしばしばである。内閣官房が政府部内のインテリジェンスを吸い上げるシステムは一応整えられているが、英米のように機能しているとは言いがたいのが現状である。

## ■インテリジェンス・サイクル（INTELLIGENCE CYCLE）

インテリジェンス・サイクルとは、一国の政治指導者がまず、国家の舵を定めるためにどのような分野の情報を必要としているかを情報機関に伝えることで始動する。これを受けてインテリジェンス・コミュニティは、政府の各情報機関に一般情報の収集を命じ、分析部門はこれらの膨大な一般情報を独自の視点から総合的に精査してインテリジェンスに生成していく。インテリジェンス・コミュニティは、最終的な成果物をインテリジェンス・リポートとして政治指導者に提供する。こうした一連の過程がインテリジェンス・サイクルなのである。インテリジェンス・プロセスと呼ばれることもある。アメリカ政府で運用されているインテリジェンス・サイクルは、⑴情報の要求、⑵情報の収集、⑶情報の評価と分析、⑷生成された情報のとりまとめ、⑸リポートの提出、⑹フィードバック、といったプロセスを辿る。

インテリジェンス・サイクルを機能させるにあたって、政治指導部が、いかなる分野の情報に関心を持っているかを情報機関に明確に伝えることが重要とされる。これを受けて、政府部内の情報機関は、対象とする情報収集分野の優先順位を決め、政治指導部の誤りなき決断に貢献するため各段階で効率的な情報活動を試みることになる。

情報機関は、まず膨大で雑多なインフォメーションを収集して、事態の本質を示す重要情報を選り分け、精緻な分析を繰り返して、インテリジェンスを生成する。インフォメーションは、情報の処理と分析を経て初めてインテリジェンスとなるのである。アメリカでは、情報の収集にあたる要員と分析を担当する要員は厳然と区別されているため、両者の間にはしばしば緊張関係が存在する。

**■ポジティブ・インテリジェンス（POSITIVE INTELLIGENCE）**
各国の情報機関が、外交官やジャーナリストなどに身分を偽装させ、情報工作要員などを標的国に配置して行う対外インテリジェンスの積極諜報をいう。

具体的には、アメリカのCIA（中央情報局）、ロシアのSVR（対外諜報庁）、イギリスのSIS（秘密情報部、いわゆるMI6）、ドイツのBND（連邦情報局）などがポジティブ・インテリジェンスの任務を担っている。

広義のインテリジェンス活動には、ポジティブ・インテリジェンスの「諜報」、カウンター・インテリジェンスの「防諜」、メディアなどを使って行う「宣伝工作」、それに事件を引き起こして敵の仕業に見せかけたり、歪曲した情報を流してこちらに有利な認識を相手に抱かせるなどの「謀略」がある。ポジティブ・インテリジェンスは、こうした情報活動の中核を占めている。

カウンター・インテリジェンスとポジティブ・インテリジェンス。両者の活動面での最大の違いは、工作要員のセキュリティだと言っていい。カウンター・インテリジェンスを遂行する要員は、国家の捜査権によって守られているが、ポジティブ・インテリジェンスの要員は、捜査権を持つ標的国の機関から常に監視され、捕捉される脅威にさらされている。実質は非合法な領域での孤独な活動を強いられるのが特徴だ。

G8・先進八カ国のなかで、ポジティブ・インテリジェンスを責務とする情報機関を持たないのは日本だけである。第一次安倍内閣で「日本版NSC」の創設が検討されたが実現せず、第二次安倍内閣でようやく設置された「日本版NSC」つまり国家安全保障会議が、政府部内の各情報機関を統括してインテリジェンスを官邸に上げるとしているが、対外情報機関はなお設置されていない。

### ■カウンター・インテリジェンス（COUNTER INTELLIGENCE）

カウンター・インテリジェンスとは、海外から情報工作員やテロリストが国内に浸透してくることに備えて様々な対抗処置を講じる情報活動をいう。アメリカではFBI（連邦捜査局）、イギリスではMI5（情報局保安部。SS）、日本では警察の警備・公安部門が担っている。外国のスパイやテロリストが国内に侵入し、エージェントを獲得し、国家機密にアクセスして入手するプロセスを監視し、時に逮捕に踏み切る。通常は国内での活動を監視して外国の情報機関の関心の所在を探り、彼らがどのような協力者を獲得しているかに活動の主力を注ぐケースが一般的だ。それによって、標的国の情報機関がいかなる情報を知りたがり、またいかなる情報を摑んでいないかを明らかにしようと試みる。

したがってカウンター・インテリジェンスの主要な任務は、自国に浸透する外国のインテリジェンス機関の情報収集能力を精緻に把握し、自国の情報機関への浸透を防ぐ手立てを講じ、工作員を二重スパイに寝返らせたり、工作員が本国に報告する際に偽情報を提供したりする活動を行うことにある。

カウンター・インテリジェンスは、国家の安全保障の最後の砦だけに、外国の情報機関にとっては最も浸透を図りたい対象である。それゆえ、この組織に敵のスパイが入り込んだり、裏切り者が潜んでいたりすれば、国家は壊滅的なダメージを蒙ることになる。

外国からスパイやテロリストが浸透するのを防ぎ、自国の情報機関を守るためにも、対外情報機関や金融捜査機関、税関当局などインテリジェンス・コミュニティの緊密な連携や機密情報の共有が必要となる。だが現実には、機密の高い情報ほど各情報機関が秘匿してしまう傾向が強く、インテリジェンス・コミュニティを統括して、一体運用を図る政治のリーダーシップが求められる。

■ポジティブ・カウンター・インテリジェンス（POSITIVE COUNTER INTELLIGENCE）

敵のスパイやテロリストの攻撃に備え、自国内への浸透を防ぐカウンター・インテリジェンスの一種で「積極的防諜活動」を指す。国内に浸透してきたスパイやテロリストを摘発してその身柄を確保するだけではなく、相手側のインテリジェンス活動を逆に利用して、敵のスパイやテロリストに意図的に偽りの情報を流して、相手国の機関を欺瞞する活動をいう。敵のスパイやテロリストが自国内で使っているエージェント（情報提供者）に偽りの情報を流し、相手国のインテリジェンス機関や政府機関を攪乱させる活動を行うことで自国の機密を防衛する手法である。

歴史的に最も成果を挙げたポジティブ・カウンター・インテリジェンスは、第二次世界大戦中にイギリスのMI5内に設けられた「XX委員会」（ダブル・クロス委員会）の活動だろう。カナリス提督が率いるナチス・ドイツの「アプヴェーア」（国防軍諜報部）がイギリス国内に送り込んできスパイを次々に摘発し、イギリスの二重スパイとした。「XX委員会」は、ナチス・ドイツの二重スパイが、イギリス国内でエージェントを獲得して縦横に活動しているように装わせ、彼らが「アプヴェーア」に向けて打電する無線通信に偽情報を紛れ込ませて、ドイツ軍の作戦行動を混乱させた。さらには、二重スパイを相手国の陣営に攪乱者として再びナチス・ドイツの領域に送り込んで、敵のインテリジェンス機関の手の内を探らせることに成功した。

連合国の大陸反攻の命運を賭けたシチリア島への上陸作戦やノルマンディ上陸作戦にあたっては、これらの二重スパイを使ったポジティブ・カウンター・インテリジェンス活動を縦横に展開し、連合軍側の犠牲者を少なくすることに貢献した。

## ■ヒューミント（HUMINT）

標的とする外国に潜ませた情報要員を情報源にして入手する機密情報をいう。ヒューミントとは、ヒューマン・インテリジェンス「Human Intelligence」の略。一般的には情報収集の標的国に協力者であるエージェントを配して秘密情報を探る技法がとられる。情報機関は標的国に情報工作員を密かに送り込み、現地で情報活動を担うエージェントに金を与えたり、亡命を保障するなどしてリクルートする手法がとられている。こうしたスパイは「世界で二番目に古い職業」と言われ、聖書にもその存在が触れられている。

ヒューミントによる情報収集は、標的国の中枢で進められている極秘の計画を探り、指導部の意図を摑む場合に威力を発揮する。電波傍受などと較べて、費用も比較的安く済むが、良質なエージェントを獲得するのは難しく、二重スパイの浸透を許してしまう危険もある。その一方で、情報要員が摘発され、スパイ活動が露呈した場合は、政府間の外交問題に発展するリスクを抱えている。

標的国に潜入してヒューミントの収集にあたる情報要員は、外国語に堪能で、機密情報の探知に高い技能を持ち、現地のエージェントを獲得する訓練を受けている。同時に通信手段を駆使し、様々な武器を操る技量も身につけていなければならない。情報要員の身分は、公的・私的の二つの形で偽装されていることが多い。公的な偽装は、政府機関の別の肩書を持ち、多くは大使館に外交官として勤務する形をとる。私的な偽装は、ＩＴ技師や商社マンを名乗り、時に学者、聖職者やＮＧＯのボランティアを装う。ジャーナリストを偽装することもあるが、あらゆる情報源に容易にアクセスできる一方で、ジャーナリズムの側から根強い抵抗を招いてしまう懸念がある。

**■オシント（OSINT）**

オシントとは、新聞・雑誌・テレビ、それにインターネット・メディアなどを通じて公表される情報、つまりオープン・ソースで得られる様々な情報を分析・活用することを意味する。オープン・ソース・インテリジェンス「Open-Source Intelligence」の略。

従来、伝統的な情報機関は、ヒューミント（人的情報源）などを通じて得た機密情報に依拠して、インテリジェンスを生成してきたが、近年はこうしたオシントの重要性にも注目が集まっている。政治指導者が意思決定する際用いるインテリジェンスもその大半がオシントに依拠していることが明らかになっている。一般のメディアに加えて政府報告書、公式統計、公聴会の記録、それに公開シンポジウムの議事録などのインフォメーションを丹念に分析していけば、極秘情報に劣らないインテリジェンスが生成できる。オシントの重要性はますます高まってきているといえる。

非軍事分野であれば、オシントを通じて秘密情報の九五～九八％が得られ、軍事情報でさえ八〇％前後の情報はオシントから得られるという報告もある。ソ連側が原爆開発の技術情報を図書館の書籍や大学の論文など公開情報から入手していた事実は広く知られている。

冷戦期、西側情報機関の最大の関心は、東側陣営の頂点に君臨していたクレムリンの動向にあった。ソ連の動向に関するインテリジェンスも二〇％前後は公開情報から得ていたことが明らかになっている。

オシントは、公開情報を読み解くことで得られるため、違法行為を全く犯さずに得られることが最大の特徴である。一般の公開情報は膨大な量にのぼるため、最近ではデータ処理の技法を使ったオシントの有効性が指摘されている。

## ■シギント（SIGINT）

シギントとは、一般の電話やファクシミリ、インターネット、さらに暗号を用いて交信される特殊な回線などにアクセスして、交信内容、電磁波、信号などシグナルを傍受し、その内容を分析することで、監視対象とする国家やテロ組織の意図を探るインテリジェンス活動をいう。シグナル・インテリジェンス「Signal Intelligence」の略。おもに通信の傍受、暗号解読、通信回線の交信分析をするコミント（コミュニケーションズ・インテリジェンス）も、そのひとつである。

第一次世界大戦中、英国の諜報機関が、海底の通信ケーブルにアクセスし、通信内容を傍受することに成功し、敵国ドイツの意図を探知して、シギントの先駆けとなった。世界の通信量が飛躍的に高まった現在では、最重要の情報収集の手段となっている。各国ともパラボラ・アンテナ、情報収集衛星、また偵察機や潜水艦などを使い、グローバルな規模で活発なシギント活動を展開している。

シギントによる情報活動をより効果あるものにするには、傍受した情報を迅速・的確に翻訳し、その内容を精緻に分析し、外交・安全保障政策の決定に役立てることが必要である。そのためには日々増大する通信をさばく高い傍受技術だけでなく、高い語学力を持つ要員を育成し、監視対象国やテロ組織の政治、社会、文化に精通していることが求められる。

一方でシギント活動は、民主主義の原則である通信の自由に触れる危うさを秘めている。九・一一同時多発テロ事件をきっかけに米国の情報当局が一般市民のインターネット通信を傍受していた事実が明るみに出て大きな論議を呼んだ。またスノーデンの告発によって、米国の情報当局が同盟国であるドイツにシギント活動を仕掛け、メルケル首相の携帯電話まで盗聴していたことが明らかになり、両国の外交関係を揺さぶる事態に発展した。

**■コリント（COLLINT）**

コレクティブ・インテリジェンス（Collective intelligence）の略。良好な関係にある各国のインテリジェンス機関が機密情報を交換すること。「協力諜報」と呼ぶこともある。冷戦後のインテリジェンス世界では、ヒューミント（人的インテリジェンス）やシギント（通信傍受、衛星画像の解析）に較べて、コリントの果たす役割が大きい。

北朝鮮情報に関しては、日本では北朝鮮関連の膨大な公開情報が丹念に分析されており、外務省の外郭団体「ラヂオプレス」は北朝鮮要人の動静を的確に把握している。日本の情報機関は、これらの北朝鮮情報と引き換えに、CIA（アメリカ中央情報局）、モサド（イスラエル諜報特務庁）、SVR（ロシア対外諜報庁）などが持っている北朝鮮の機密情報を入手している。北朝鮮の核実験については、最高度の情報統制が敷かれているため、アメリカが圧倒的に高い能力をもつ衛星情報や通信傍受情報をいかに迅速に入手できるかにかかっている。

サイバー攻撃・防御分野では、イスラエルは卓越した能力を有している。現にイスラエルの情報機関はイランの核開発施設を標的にしたサイバー攻撃で大きな成果をあげている。日本はイスラエルと深刻な利害の対立はなく、サイバー・テロへの防御について両国が協力する素地は整っている。日本はイランと比較的良好な関係にあるため、イスラエルが欲しているイラン情報を持っており、日本とイスラエルが互恵的なコリント態勢を構築することは十分に可能だ。情報大国イスラエルは秘密を守ることでは実績もあり、日本の情報機関は、イスラエルとのコリント態勢を強化するために、中国や北朝鮮に関する質の高いヒューミントやシギントの入手に努め、コリントを担う人事の要請に力を入れるべきだろう。

## ■ウエビント（WEBINT）

ウエブサイト上に現れる様々な情報を収集し、その内容を精緻に分析して、監視対象の国際テロ組織などの意図を解き明かすインテリジェンス活動をいう。サイバー攻撃による秘密情報の入手などもウエビント活動を通じて行う場合もある。ウエブサイト・インテリジェンス「Websight intelligence」の略。

いまやインテリジェンス活動の主要な舞台は、「二つのスペース」に移りつつあると言われる。「インターネット空間」と「宇宙空間」がそれである。こうしたITスペースには、一般のウエブサイトだけでなく、世界最大の動画共有サイト「YouTube」をはじめ動画サービスも含まれ、ウエビント活動の重要な監視対象になっている。

現に、IS「イスラム国」は、この「YouTube」を最大限に利用し、彼らの存在を誇示しつつある。二人の日本人を人質に取った「イスラム国」は、ジハーディ・ジョンと呼ばれるテロリストが二人を殺害する凶悪な場面を「YouTube」にアップし、彼らの組織の残忍さを敢えて全世界にアピールする手段に使ったことは象徴的だ。

ウエブサイトは、情報へのアクセスを容易にし、情報をコピーし、転送して拡散させる舞台となって、現代社会への影響力を増大させつつある。このため各国の情報機関は、専門のスタッフを組織して、国際テロ組織のウエブサイトを常時監視する体制を敷いている。国際テロ組織がいかなるアドレスを使い、どこから、どのようなルートを介して、情報や映像をアップしているのか。それらを迅速・的確に把握して分析することは、いまやテロ組織の動向を掴む最重要の手段になりつつある。インテリジェンス活動に占めるウエビントの重要性は今後もさらに高まっていくだろう。

［インテリジェンス機関］

■ＣＩＡ（Central Intelligence Agency）

アメリカ中央情報局。一九四二年、前身となる戦略諜報部（ＯＳＳ）が創設され、情報の収集・分析、秘密工作を担う目的で創設され、一九四七年、国家安全保障法のもとで現在のＣＩＡとなった。独自の情報要員を海外に配して機密情報を収集にあたる「工作本部」、情報の分析を主な任務とする「情報本部」、また技術分野を担当する「科学技術本部」などがあり、米国のインテリジェンス・コミュニティでは、中核的な存在である。冷戦期にはキューバへのソ連製ミサイルの搬入を察知するなどの成果をあげた。だが冷戦の主敵だったソ連の崩壊後は、国家の枠を超えて国際テロ組織アルカイダなどが増殖し、二〇〇一年の同時多発テロに際しては、テロリストの米本土への浸透を十分に察知できず、国際テロの時代にふさわしいＣＩＡの在り方が求められている。

■ＦＢＩ（Federal Bureau of Investigation）

アメリカ連邦捜査局。全米規模の犯罪の捜査を担う法執行機関だが、外国のスパイやテロリストが米国内に浸透し活動するのを監視し、摘発するカウンター・インテリジェンスも主要な任務としている。敵性国のスパイが米国内で諜報活動を行い、イスラム過激派がテロ活動を企てるのを監視する一方で、外国からのサイバー攻撃に対応する対敵活動も担っている。二〇〇一年にニューヨークで起きた九・一一同時多発テロ事件で、米国の経済と軍事の中枢への攻撃を許してしまった苦い経験から、ＦＢＩはインテリジェンス機関としての機能を強化しつつある。ロシア、中国、イランなどの監視対象国が仕掛ける諜報活動やイスラム過激派のテロに全職員のおおよそ三分の一を占める特別捜査官が中心となって備え、一般職員として分析官、研究員、技術スタッフ、語学専門職員がこれを支えている。

## ■ＮＳＡ（National Security Agency）

米国国家安全保障局。一九五二年、安全保障に関わるコンピュータの保安システムと防御を担当し、あわせて海外で電波、信号情報の収集を担う目的で設立された。さらにＣＩＡや軍部が使う暗号を作成すると共に、標的国の暗号を解読するため主導的役割を果たしている。ＮＳＡは、海外での電波・通信情報の収集とあわせて米国を標的とする敵対的な動きから米国の通信システムを防御する、攻撃と防御の任務を二つながら担っている。二〇一三年、ＣＩＡのエドワード・スノーデン元職員の告発によって、ＮＳＡがＰＲＩＳＭというシステムを用いて米国の大手ＩＴ企業や一般の市民から膨大な情報を収集していたことが明らかになった。さらに日本、フランス、ドイツなどの同盟国を対象に政府要人や大使館の通信を傍受していた事実が明るみに出た。

## ■ＭＩ５

イギリスのカウンター・インテリジェンス組織。ＭＩ５は通称。正式名称は情報局保安部（ＳＳ、Security Service）。ＳＳは国内治安を担当する内務省に所属し、管轄区域は英国国内に限られている。だが、スパイやテロリストを逮捕し勾留する警察権は持っていない。現在は外国の諜報組織の要員の行動を監視し、イスラム過激派のテロ工作を阻む情報活動などを担っている。

かつては、ＩＲＡの監視・摘発するテロとの戦いを最重要の任務としていた。ＳＳの要員は、氏名や職業、ときには国籍までも偽装して、盗聴、通信傍受などの秘密工作を通じて機密情報を収集している。冷戦期にはソ連側の主要な標的となり、「ケンブリッジ・ファイブ」と呼ばれるソ連のスパイを生んだ。

## ■ＭＩ６

イギリスの対外インテリジェンス組織。ＭＩ６は通称。正式名称は秘密情報部（ＳＩＳ、Secret Intelligence Service）。外務省に所属し、ＳＩＳを率いる長官は、首相と外務大臣の双方の指揮下に入っている。外務次官の一人がＳＩＳを統括する形をとり、英国の外交政策と適宜調整を図りながら在外でのインテリジェンス活動を展開する。ＳＳ（通称ＭＩ５）もＳＩＳ（通称ＭＩ６）も、東西冷戦終結までは具体的な情報活動はもとより存在自体も厳重に秘匿してきた。だが二一世紀に入ると、組織の存在を明らかにし、ウエブサイト等を通じて広報活動にも力を入れている。世界最古の情報機関とされ、一六世紀ごろには英国王室の生き残りを賭けて巧みな情報収集活動を繰り広げた。ナチス・ドイツのエニグマ暗号の解読は英国のインテリジェンス史上に輝く成果で、対独戦の帰趨を左右した。

## ■ＧＣＨＱ（Government Communications Headquarters）

英国政府通信本部。標的国の暗号を解読したり、情報収集衛星や電子機器を用いて国内外の通信傍受を専門に担う機関。ＳＩＳと同様に、外務省管轄の情報組織である。ＧＣＨＱは英国の内外に電波傍受施設を持っている。なかでも、英国ヨークシャー州のメンウィズ・ヒルには世界屈指の傍受技術を誇る通信監視基地がある。米国のＮＳＡとは「ＵＫＵＳＡ」協定を結んで緊密な協力を行っており、ＮＳＡの職員はＧＣＨＱの施設にも常駐して密接な活動を行っている。電子メールから電話まであらゆる通信手段の情報を収集している巨大通信傍受システム「エシュロン」は、メンウィズ・ヒルを中心に運用されている。またＣＩＡのスノーデン元職員の告発で、ＧＣＨＱが二〇〇九年のロンドンG20首脳会合で各国代表団の通信傍受を行っていた事実が明らかになった。

## ■SVR（Sluzhba Vneshney Razvedki）

ロシア連邦対外諜報庁。前身はKGB第一総局。国外のインテリジェンス活動を担っているが、旧ソ連諸国に関してはFSB（連邦保安庁）の活動領域となっている。ロシア大統領ウラジーミル・プーチンは旧KGBの中堅幹部であった。一九九一年一二月のソ連崩壊後、新生ロシアは対外インテリジェンス機関とカウンター・インテリジェンス機関を分離し、KGB第一総局はロシア大統領直属の独立した対外インテリジェンス機関に改組されてSVRとなった。初代長官は、エフゲニー・プリマコフ。二〇〇〇年にプーチンが新しい大統領になると、SVRの体制は一段と強化された。SVRは冷戦期以来のヒューミントが最大の強みとなっており、一〇年単位で海外で活動する工作員を養成することで知られている。日露の北方領土交渉にも隠然たる影響力を行使している。

## ■FSB（Federal'naya Sluzhba Bezopasnosti）

ロシア連邦保安庁。前身はKGB第二総局。ソ連邦の崩壊後は、MB（保安省）、FSK（連邦防諜庁）と名称と組織変更を繰り返し、現在の名称の組織となった。主としてロシア国内と旧ソ連邦諸国のカウンター・インテリジェンス活動を担う。大統領ウラジーミル・プーチンは、一九九八年七月から一九九九年八月にかけて同庁の三代目の長官を務め、クレムリン入りの階段を昇って行った。ロシアでカウンター・インテリジェンスを担当するFSBは、ロシアに駐在する日本の外交官、特派員、商社マンなどの動静を細かく監視し記録している。日露関係が重大な局面に差しかかったときには、大統領府から特別な指令が出て、情勢報告を求められるなど政権の判断に無視できない影響力を発揮することでも知られている。

■GRU（Glavnoe Razvedyvatel'noe Upravlenie）

ロシア連邦軍参謀本部諜報総局。旧ソ連時代から続く、ロシア軍のインテリジェンス組織で、軍事関連の膨大な情報の収集・分析を担っている。GRUのトップである総局長は、参謀総長と国防相の指揮下に置かれ、ロシア大統領に直接インテリジェンス報告を提出することはない。GRUは、ソ連時代から、代表的な諜報機関KGBに匹敵する巨大な存在として知られていた。ヒューミント（人的インテリジェンス）やシギント（信号インテリジェンス）、さらにはイミント（画像インテリジェンス）の収集・分析能力を有し、ロシアの安全保障政策に隠然たる影響力を誇っている。ソ連時代から在外のロシア軍の駐在武官は全員がGRUに所属する情報将校である。同時に、ロシア製の兵器を売却する事実上のエージェントでもあり潤沢な裏金を握っている。スパイ・ゾルゲはGRUの前身組織に所属していた。

■BND（Bundesnachrichtendienst）

ドイツ連邦情報局。ナチス・ドイツの諜報機関として知られ、カナリス提督が率いた「アプヴェーア」（国防諜報部）の対ロ情報要員は、優れたクレムリン情報を買われて、冷戦期にはアメリカ政府の主導のもとに「ゲーレン機関」に引き継がれた。彼らの系譜を継いで創設された総合的なインテリジェンス機関がBNDである。ドイツ政府にはこのほかに国防軍の情報機関として「ZNBw」（連邦軍情報センター）、さらにカウンター・インテリジェンス機関として「BfV」（連邦憲法擁護庁）などがある。「BfV」は、外国のスパイやテロリストの取り締まりにあたるほか、過激なネオ・ナチ組織の活動を監視しており、戦後ドイツの民主主義体制を擁護するために欠かせない重要な役割を担っている。

■モサド（Mossad Merkazi le-modiin U-letafkidim Meyuhadim）

イスラエル諜報特務庁。建国間もない一九五一年にヘブライ語で防衛を意味する組織「ハガナー」を受け継いで創設された対外インテリジェンス機関で、主要国のイスラエル大使館にモサドの支局長を配している。イギリスのSISに多くを学んで、ヒューミント（人的情報源）、秘密工作、外国機関とのコンタクト、さらにはテロ対策まで多様な情報分野を担っている。主な標的は、イスラム過激派の国家やテロ組織であり、同時にイランやシリアの大量破壊兵器に関する極秘情報の収集・分析を精力的に行っている。イスラエル国家の存続が脅かされていると判断した時には、誘拐や暗殺をはじめ多様な秘密工作を時に大胆に実行する。ナチスの戦犯、アドルフ・アイヒマンの誘拐やシリアの核施設の空爆にはモサドが関わった。

# インテリジェンス関連事件・略年表

| | 世界 | 日本 |
| --- | --- | --- |
| 一九〇九年一〇月 | 英国秘密情報部（ＳＩＳ）設立 | |
| 一九一〇年八月 | | 日韓併合 |
| 一九一四年七月 | **第一次世界大戦** | |
| 一九一五年一月 | | 中国に対し二一箇条の要求 |
| 一九一六年五月 | **英・仏・露間でサイクス・ピコ条約締結。オスマン・トルコ帝国の分割** | |
| 一九一七年一一月 | ロシア革命 | |
| 一二月 | ロシア、非常事態委員会（チェーカー。後のＫＧＢ）設立 | |
| 一九一八年三月 | ブレスト・リトフスク条約 | |
| 七月 | | 各地で米騒動起こる |
| 八月 | 連合国（日、英、米、仏ほか）ロシア出兵 | シベリア出兵 |

（※太字は本書関連項目）

| | | |
|---|---|---|
| 一月 | ロシア、共和国革命軍事ソビエト（後の参謀本部諜報総局、ＧＲＵ）設立 | |
| 一九一九年 三月 | ロシア、コミンテルン結成 | |
| 四月 | | 関東軍創設 |
| 六月 | ヴェルサイユ条約 | |
| 一九二二年 一二月 | ソビエト社会主義共和国連邦成立 | |
| 一九二五年 四月 | | 治安維持法公布 |
| 一九三一年 九月 | | 満洲事変 |
| 一九三二年 三月 | | 満洲国建国宣言 |
| 五月 | | 五・一五事件 |
| 一九三三年 三月 | | 国際連盟脱退 |
| 一九三四年 八月 | ドイツにナチス政権誕生 | |

| | | |
|---|---|---|
| 一九三六年二月 | | 二・二六事件 |
| 一九三七年七月 | | 日中戦争 |
| 一九三八年七月 | | 後方勤務要員養成所（陸軍中野学校の前身）創立 |
| 九月 | 独伊英仏によるミュンヘン会議 | |
| 一九三九年五月 | | ノモンハン戦争 |
| 八月 | 独ソ不可侵条約 | |
| 九月 | 第二次世界大戦 | |
| 一九四〇年九月 | | 日独伊三国軍事同盟条約調印 |
| 一九四一年四月 | | 日ソ中立条約締結 |
| 六月 | ナチス・ドイツ、ソ連侵攻（バルバロッサ作戦）。独ソ不可侵条約破棄 | |
| 一〇月 | | ゾルゲ事件 |
| 一二月 | | 日本、真珠湾攻撃 |

| | | |
|---|---|---|
| 一九四二年 一月 | 米、戦略諜報部（ＯＳＳ。ＣＩＡの前身）設立 | |
| 一九四三年 五月 | コミンテルン解散 | |
| 一九四四年 一一月 | | ゾルゲ処刑 |
| 一九四五年 二月 | ヤルタ会談 | |
| 八月 | | ソ連軍、北方四島に侵攻<br>ポツダム宣言受諾 |
| 一九四六年 一一月 | | 日本国憲法公布 |
| 一九四七年 七月 | トルーマン大統領、国家安全保障法を制定。<br>CIA設立 | |
| 九月 | ソ連、コミンフォルム（共産党情報局）設立 | |
| 一九五〇年 六月 | | 朝鮮戦争・警察予備隊設置 |
| 一九五一年 三月 | イスラエル、モサド創設 | |

| | | |
|---|---|---|
| 九月 | | サンフランシスコ平和条約調印・日米安保条約締結 |
| 一九五四年二月 | フルシチョフ・ソ連首相、クリミアをウクライナ共和国に所属替えする | |
| 一九五六年四月 | コミンフォルム（共産党情報局）解散 | |
| 七月 | スエズ動乱 | |
| 一〇月 | ハンガリー動乱 | 日ソ共同宣言 |
| 一二月 | | 国際連合加盟 |
| 一九六二年一〇月 | キューバ危機 | |
| 一九六八年一月 | プラハの春 | |
| 一九七〇年三月 | | 日航機よど号ハイジャック事件 |
| 一九七二年五月 | | 沖縄返還 |
| 一九七八年八月 | | 日中平和友好条約 |

| | | |
|---|---|---|
| 一九七九年 二月 | イラン革命 | |
| 一二月 | ソ連、アフガニスタン侵攻 | |
| 一九八三年 九月 | | 稚内沖で大韓航空機撃墜事故 |
| 一九八九年 一一月 | ベルリンの壁崩壊 | |
| 一二月 | 米ソ首脳会談、東西冷戦終結宣言（於マルタ） | |
| 一九九〇年 八月 | **イラク、クウェート侵攻** | |
| 一九九一年 一月 | **多国籍軍、イラク空爆開始（湾岸戦争）** | |
| 四月 | | ゴルバチョフ・ソ連大統領、訪日<br>自衛隊、ペルシャ湾掃海艇派遣 |
| 八月 | ソ連、国家非常事態委員会によるクーデター発生、ゴルバチョフ別荘に軟禁 | |
| 一二月 | **ウクライナ、ソ連から分離独立**<br>ロシアを中心とする独立国家共同体（CIS）創設、ソ連消滅 | |

| | | |
|---|---|---|
| | ゴルバチョフ・ソ連大統領辞任 | |
| 一九九三年一〇月 | 露、反大統領派が市庁舎等を占拠 | 日露首脳会談（細川・エリツィン、於・東京） |
| 一九九七年一一月 | | 日露首脳会談（クラスノヤルスク会談。橋本・エリツィン、於クラスノヤルスク） |
| 一九九八年四月 | | 日露首脳会談（川奈会談。橋本・エリツィン、於・川奈） |
| 一一月 | | 日露首脳会談（小渕・エリツィン、於モスクワ） |
| 一九九九年八月 | プーチン、露首相就任 | |
| 一二月 | エリツィン、露大統領辞任 | |
| 二〇〇〇年五月 | プーチン、露大統領に就任 | |
| 九月 | | 日露首脳会談（森・プーチン、於・東京） |
| 二〇〇一年一月 | ジョージ・W・ブッシュ、米大統領就任 | |
| 三月 | | 日露首脳会談（イルクーツク会談。森・プーチン、於イルクーツク） |

| | | |
|---|---|---|
| 六月 | | 日米首脳会談（小泉・ブッシュ、於キャンプ・デービッド） |
| 九月 | 米、同時多発テロ | |
| 二〇〇二年 九月 | | 小泉首相、北朝鮮訪問 |
| 二〇〇三年 一月 | | 日露首脳会談（小泉・プーチン、於モスクワ） |
| 三月 | 有志連合（米中心）、イラク侵攻開始（イラク戦争／第二次湾岸戦争） | |
| 五月 | | 日露首脳会談（小泉・プーチン、サンクトペテルブルク遷都三〇〇周年記念式典、於サンクトペテルブルク） |
| 一二月 | 米軍、イラクでサダム・フセインを拘束 | 自衛隊、イラク派遣 |
| 二〇〇四年 五月 | プーチン、露大統領就任（二期目） | 小泉首相、北朝鮮訪問 |
| 一〇月 | アブー・ムスアブ・アッ・ザルカーウィー、「イラクのアルカイダ」設立 | |
| 一一月 | ウクライナ大統領選不正を巡り、抗議運動（「オレンジ革命」） | |

| | | |
|---|---|---|
| 一二月 | ウクライナ大統領選のやり直し。野党のユシチェンコ当選 | |
| 二〇〇五年<br>一月 | ジョージ・W・ブッシュ、米大統領就任（二期目） | |
| 五月 | | 日露首脳会談（小泉・プーチン、第二次世界大戦終了六〇周年記念式典、於モスクワ） |
| 六月 | | 森前総理・プーチン会談（於サンクトペテルブルク） |
| 二〇〇六年<br>六月 | イスラエルとハマス、ガザで戦闘 | |
| 七月 | | 日露首脳会談（小泉・プーチン、G8於サンクトペテルブルク） |
| 二〇〇八年<br>五月 | メドヴェージェフ露大統領就任、プーチン首相就任 | |
| 七月 | | 日露首脳会談（福田・メドヴェージェフ、G8於・洞爺湖） |
| 九月 | リーマン・ブラザーズ経営破綻（リーマン・ショック） | |
| 一二月 | | 中国の海洋調査船、尖閣諸島・魚釣島付近で海洋調査。中国は同諸島の領有権主張 |

| | | |
|---|---|---|
| 二〇〇九年 一月 | バラク・オバマ、米大統領就任 | |
| 二月 | | 日露首脳会談（麻生・メドヴェージェフ、於サハリン） |
| 二〇一〇年 二月 | ウクライナ大統領選、ヤヌコーヴィチ当選 | |
| 一一月 | | メドヴェージェフ露大統領、国後島訪問<br>日露首脳会談（菅・メドヴェージェフ、APEC於・横浜） |
| 二〇一一年 一月 | エジプトで反政府デモ勃発（アラブの春） | |
| 二月 | リビアで反政府デモ勃発 | イワノフ露副首相、国後・択捉島訪問 |
| 五月 | **オサマ・ビン・ラディン、パキスタンで米軍により殺害される** | 日露首脳会談（菅・メドヴェージェフ、G8於フランス・ドーヴィル） |
| 八月 | リビア、カダフィ政権崩壊 | |
| 一二月 | **アメリカ軍、イラクから撤退** | |
| 二〇一二年 五月 | プーチン、露大統領就任 | |

| | | |
|---|---|---|
| 六月 | | 日露首脳会談（野田・プーチン、G20於メキシコ・ロスカボス） |
| 七月 | | メドヴェージェフ露大統領、国後島訪問 |
| 八月 | | 李明博韓国大統領、竹島上陸 |
| 二〇一三年 一月 | バラク・オバマ、米大統領就任（二期目） | |
| 二月 | | 森元総理・プーチン会談（於モスクワ） |
| 四月 | | 日露首脳会談（安倍・プーチン、於モスクワ） |
| 六月 | E・スノーデン、米政府の機密文書を暴露 | |
| 二〇一四年 二月 | ウクライナ騒乱（反大統領デモ） | 日露首脳会談（安倍・プーチン、於ソチ） |
| 三月 | 露、クリミア侵攻・住民投票を経てロシアへの編入宣言 | |
| 四月 | | 日米首脳会談（安倍・オバマ、於・東京） |
| 五月 | ウクライナ大統領選、ポロシェンコ当選 | |
| 六月 | 「イラク・シリアのイスラム国」（ISIS、別名ISIL「イラク・レバントのイスラム国」）、カリフ国家の樹立宣言。名称を「イスラム国（IS）」に変更 | |

| | | |
|---|---|---|
| 七月 | ウクライナ上空でマレーシア航空機撃墜される | |
| 九月 | 露とウクライナ、ミンスク協定で停戦合意 | |
| 一一月 | | 日露首脳会談（安倍・プーチン、ＡＰＥＣ於・北京） |
| 一二月 | 北朝鮮、アメリカにサイバーテロ | |
| 二〇一五年 一月 | パリで『シャルリー・エブド』社ほか連続テロ | 「イスラム国」、日本人二名の拘束を公表<br>「イスラム国」、日本人二名の人質殺害を公表 |
| 二月 | 英・仏・露・ウクライナ和平交渉、ウクライナ停戦合意 | |
| 三月 | | 鳩山元首相、クリミア訪問 |
| 四月 | | 日米首脳会談（安倍・オバマ、於ワシントン） |
| 五月 | モスクワにて対ナチス・ドイツ戦勝七〇周年記念式典。習近平・中国国家主席ほか出席<br>メルケル独首相、モスクワ訪問 | |
| 七月 | イランの核開発をめぐるイランと六ヵ国（米英仏独中露）の協議、合意 | |

INS（アメリカ移民帰化局） 225
IS（「イスラム国」） →「イスラム国」参照
ISIS（「イラク・シリアのイスラム国」） 133, 137
KGB（ソ連国家保安委員会） 20, 31, 48, 49, 51, 78, 79, 198, 268, 294, 295, 298
MD（ミサイル防衛） 29, 31
MI5（SSも参照） 170, 223, 264, 268, 284, 285, **292**
MI6（SISも参照） 56, 79, 109, 191, 208, 223, 245, 265, 267-269, 283, **293**
MVD（ロシア内務省） 50
NATO（北大西洋条約機構） 16, 28, 31, 39, 42, 44, 77, 84, 188, 192
NIE（国家情報評価） 235-237
NPT（核不拡散条約） 166
NSA（アメリカ国家安全保障局） 81, 142, 143, 215, 217, 281, **292**, 293
NSC（アメリカ国家安全保障会議） 218, 225, 283
OPEC（石油輸出国機構） 194
SAIS（ジョンズ・ホプキンズ大学高等国際研究大学院） 155
SDI（戦略防衛構想） 198
SIPRI（ストックホルム国際平和研究所） 45, 156
SIS（秘密情報部。MI6も参照） 56, 78, 109, 191, 223, 245, 248, 267, 283, **293**, 296, 298
SISMI（イタリアの情報機関） 248
SS（情報局保安部。MI5も参照） 170, 171, 223, 284, **292**, 293
SVR（ロシア対外諜報庁） 50, 51, 56, 208, 283, 289, **294**
WINPAC（兵器諜報・不拡散・軍縮センター） 242
X55 56, 58
ZNBw（ドイツ連邦軍情報センター） 295

## 【や　行】


ヤヌコーヴィチ　29, 45, 78, 307
ヤルタ会談　91, 113, 116, 117, 301
湯川遥菜　172, 178
ユシチェンコ　29, 78, 306


## 【ら　行】


ライス、コンドリーザ　217, 218
ラヴロフ　201
ラッパロ条約　83
ラディン、オサマ・ビン　18, 134, 137, 141, 216-220, 222, 228, 307
リシャウィ、サジダ　178, 179
リッベントロップ　126
リデゴー　32
リビー、ルイス・スクーター　247
ルカーチ、ジョン　95
ル・カレ、ジョン　80, 269
ルーズベルト、セオドア　266
ルッテ　75
レーガン　73, 197
ローヴ、カール　247
ロウハニ　160


## 【わ　行】


ワーニン、ミハイル　31
湾岸戦争　131, 132, 137, 155, 157, 159, 203, 256, 303


## 【英語略字項目】


BBC（英国放送協会）　109
BfV（ドイツ連邦憲法擁護庁）　295
BND（ドイツ連邦情報局）　79, 238, 239, 241, 283, **295**
CIA（アメリカ中央情報局）　14, 56, 78-81, 145, 208, 213, 214, 216-218, 220, 222-227, 231, 242-245, 247, 248, 252, 267, 273, 281, 283, 289, **291**, 292, 293, 301
CICA（アジア相互協力信頼醸成措置会議）　36
DIA（アメリカ国防情報局）　242, 281
DPB（インテリジェンス・ブリーフィング）　68, 252
EU（欧州連合）　33, 34, 36, 39, 84, 85, 154, 194
FAA（アメリカ連邦航空局）　217, 227, 229
FBI（アメリカ連邦捜査局）　214, 220, 225-228, 230-232, 247, 281, 284, **291**
FSB（ロシア連邦保安庁）　50, 51, **294**
GCHQ（イギリス政府通信本部）　**293**
GHQ（連合国軍総司令部）　255
GRU（ロシア軍参謀本部諜報総局）　47-51, **295**, 299
IAEA（国際原子力機関）　163
IISS（国際戦略研究所）　45

125-127, 258, 262, 266
ヒューミント（人的情報源） 62, 142, 180, 181, 237, 249, 253, 258-261, 263, 270, 273-277, **286**, 287, 289, 294-296
平沼騏一郎 110
ヒル、クリストファー 192
フィルビー、キム 267-270
フェニックス・メモ 228, 230
ブーク 17, 65, 75
フセイン、サダム 26, 67, 131, 132, 134, 189, 191, 233-239, 244-246, 248, 249, 251, 305
プーチン、ウラジーミル 16, 19-21, 28-31, 33-38, 41, 42, 44, 46-50, 66, 69, 75, 81, 84-86, 89, 102, 103, 148, 149, 152, 154, 158, 196, 199-202, 294, 304-309
ブッシュ 67, 82, 131, 155, 157, 191, 192, 216, 233-236, 241, 242, 244-248, 250, 251, 304-306
ブラック、コーファー 217
プリマコフ、エフゲニー 294
フルシチョフ 26, 29, 302
プレイム、ヴァレリー 247
ブレスト・リトフスク条約 91, 298
ヘーゲル、チャック 134, 253
ペレストロイカ 150
ポジティブ・インテリジェンス（積極諜報） 255, 265, **283**
ポジティブ・カウンター・インテリジェンス **285**
ポタポフ 126
ポツダム宣言 113, 301
北方領土（問題・交渉） 84, 294
ポラーリ、ニコロ 248
ポリャコフ、セルゲイ 258
ポロシェンコ 16, 29, 308

## 【ま 行】

松岡洋右 111
マッキンタイアー、ベン 267-269
マレーシア航空墜落事件 17, 29, 33, 34, 49, 61-65, 67, 69, 70, 72, 74-77, 79, 85, 309
マリア 115
マリキ 18, 132
ミッドウェー海戦 113
ミフダル、ハリード・アル 222, 225-227
ミュンヘン会談 90-95, 261
ミンスク合意（協定） 17, 29, 40, 41, 309
ムサウィ、ザカリア 230-232
ムスリム同胞団 187
ムッソリーニ 90, 91
メドヴェージェフ 50, 306-308
メルケル、アンゲラ 29, 38-40, 81-84, 201, 288, 309
モサド（イスラエル諜報特務庁） 56, 143, 180, 208, 289, **296**, 301
「モスクワ・北京・テヘラン枢軸」 37, 38
モハメド、アリ 220, 221

98, 100, 102, 110, 113, 115, 117, 119-121, 126, 127, 223, 238, 255, 263, 264, 266, 268, 285, 300, 306
第二次湾岸戦争　137, 305
タハ、リハブ・ラシード　239, 240
ダラディエ　90, 91, 94
チェイニー　247
チェチェン　33, 149-154, 202
チェンバレン　90-92, 261
チャーチル、ウィンストン　112, 116, 261, 265
チューリング、アラン　262
辻政信　122, 126
ティモシェンコ、ユーリヤ　29, 57
テネット、ジョージ　216-218, 231
同時多発テロ（アメリカ）
→九・一一同時多発テロ
東條　258
ドゥダエフ　151
トゥルチノフ、オレクサンドル　78
独ソ不可侵条約　91, 97, 100, 110, 111, 113, 125-127, 300
トハチェフスキー、ミハイル　48
トルーマン　224, 301
ドローギン、ボブ　237
ドローン　176, 181

## 【な　行】

ナティーブ　76
日独伊三国軍事同盟　111-113, 127, 300
日ソ中立条約　111, 113, 300
ニッツェ、ポール　31
ヌスラ戦線　136
ネタニヤフ　159, 201
ノヴァック、ロバート　246, 247
ノドン　43, 162
ノモンハン　47, 113, 114, 119-127, 300
ノルマンディ上陸作戦　91, 265, 285

## 【は　行】

パウエル　242, 244
パーカー、アンドリュー　170, 171
バグダーディー、アブー・ウマル・アッ　137
バグダーディー、アブー・バクル・アッ　18, 137, 138
ハサヴユルト協定　151, 152
ハズミ、ナワフ・アル　222, 225-227
ハタミ　161
ハッシーム　180, 183
ハマス　157, 182, 183, 185, 306
バルス　171
バルバロッサ作戦　91, 100, 115, 300
パール、リチャード　31
パーレビ　161
バンダル　154-156
ビーヴァー、アントニー　120, 121
ヒズボラ　157
ヒトラー、アドルフ　90-92, 94-97, 99, 100, 102, 110, 112, 113,

171, 181
ケイ、デイヴィッド　243
ケナン、ジョージ　92, 94-98, 102, 110, 121
ゲラシチェンコ、アントン　64
ケリー　159
ゲーレン機関　238, 295
ケレンスキー　256
コーエン次官　139, 195
国家安全保障法　224, 291, 301
後藤健二　172, 178, 179, 181
後藤田正晴　73, 74
後藤憲章　260
近衛文麿　259-261
コミント　73, 217, 288
コリント　245, 289
ゴールドマン、D・スチュアート　121, 123, 127
ゴルバチョフ　29, 42, 150, 198, 199, 303, 304

## 【さ　行】

西園寺公一　260
サイクス・ピコ協定　18, 91, 137, 143, 298
サッチャー　198
ザルカーウィー、アブー・ムスアブ・アッ　134, 136, 137, 305
ザワヒリ　141
シギント　65, 69, 142, 143, 215, 258, 263, 273, 288, 289, 295
シナリオ分析　202-204, 206, 207
ジハーディ・ジョン　172, 290
シャハブ3　162
『シャルリー・エブド』襲撃テロ　137, 169, 171, 201, 309
習近平　29, 37, 309
ジューコフ、ゲオルギー　124-126
シュレーダー　82
徐増平　54
真珠湾（攻撃）　15, 111-113, 203, 300
杉原千畝　114, 115
スターリン、ヨシフ　26, 43, 48, 90, 96-100, 102, 110, 113, 116, 117, 121, 124-126, 151, 206, 259
スターリングラード攻防戦　91, 100, 112
スノーデン、エドワード　81, 288, 292, 293, 308
スーリー、アブー・ムスアブ・アッ　141, 143
ゾルゲ、リヒャルト　126, 128, 256-261, 295, 300, 301
ソ連崩壊　35, 51, 53, 72, 77, 150, 197-199, 291, 294, 303

## 【た　行】

第一次世界大戦　91, 92, 99, 103-105, 223, 288, 298
対外インテリジェンス　21, 50, 51, 128, 198, 207-209, 213, 223, 268, 281, 283, 293, 294, 296
大韓航空機撃墜事件　70-72, 303
第三次中東戦争　76
第二次世界大戦　43, 90, 91, 95,

52, 54, 89, 95, 114, 177, 193, 199, 238, 239, 249, 250, 280
インテリジェンス機関　47, 50, 51, 62, 64, 65, 68, 78, 84, 127, 145, 154, 164, 191, 203, 213-215, 223, 224, 228, 229, 233, 236, 249, 250, 252, 255, 281, 284, 285, 289, 291, 295
インテリジェンス・コミュニティ　49, 50, 67, 77, 78, 165, 209, 214, 223-225, 232, 235, 241, 244, 250-253, 264-266, 268, 269, **281**, 282, 284, 291
インテリジェンス・サイクル　234, 250, 253, 261, 265, **282**
ヴァリャーグ　52-55
ウイリアムズ、ケネス　228
ウィルソン、ジョセフ　245-247
ウエビント　**290**
ヴェルサイユ条約　83, 91, 99, 299
ウォルステッター、アルバート　31
エシュロン　81, 215, 293
エニグマ　262-265, 293
エリオット、ニコラス　268, 269
エリツィン　42, 197, 304
王立国際戦略研究所　109
大島浩　112
尾崎秀實　259, 260
オシント　**287**
オットー　259
小野寺信　115
オバマ、バラク　28, 40, 46, 47, 67, 85, 132, 145-148, 154, 155, 157-160, 162, 166, 197, 252, 253, 271, 275, 277, 307-309
オランド　39, 40
オレンジ革命　29, 36, 57, 78, 306

## 【か　行】

カウンター・インテリジェンス（防諜）　50, 51, 208, 214, 223, 256, 264, 265, 281, 283, **284**, 285, 291, 292, 294, 295
カークパトリック、ジーン　73
カサースベ　178-180
風見章　260
カダフィ　188, 189, 191, 192, 307
カナリス　238, 263, 285, 295
「カーブボール」 237, 241-243, 249, 250
カリフ　15, 18, 19, 133, 137, 138, 140, 142, 143, 166, 172, 204, 206, 220, 308
キッシンジャー、ヘンリー　104-106
金正日　191
キャメロン　147
九・一一同時多発テロ　131, 134, 137, 155, 203, 213-215, 218, 222, 225, 226, 230-232, 234, 237, 241, 250, 288, 291, 305
キューバ・ミサイル危機　31, 291, 302
クリミア併合　16, 28-31, 33, 81, 84, 85, 89, 308
グローバル・ジハード　141-143,

# 索　　引

※太字の数字は巻末の「インテリジェンス用語解説」にあるページを示す

## 【あ　行】

アイヒマン、アドルフ　296
アサド　19, 46, 136, 144-149, 154, 155, 157, 176, 195, 201
アタ、モハメド　229
アバーディ　133
アプヴェーア（ナチス・ドイツの国防軍諜報部）　263-265, 285, 295
アブドッラー　183, 184
アフメド、ハサン・ムハンマド　237-242
安倍晋三　84, 85, 132, 137, 172, 175, 208, 283, 308, 309
アーミテージ　247
アラブの春　136, 137, 144, 184, 307
アルカイダ　18, 134, 137, 140, 141, 149, 152, 154, 213, 216-223, 225-227, 229-231, 248, 291
アレクサンドル二世　115
アンサール・アル・シャリーア　189
石破茂　207
石光真清　128
「イスラム国」(IS)　15, 18-21, 39, 40, 133-140, 142, 143, 160, 161, 164, 166, 170-181, 185-191, 195, 196, 199-201, 204-206, 207-209, 233, 252, 253, 273, 290, 308
犬養健　260
イミント　295
「イラク・イスラム国」 137
「イラク・シリアのイスラム国」 133, 136, 137, 308
イラク戦争（攻撃・侵攻）　18, 67, 68, 82, 131, 132, 134, 137, 145, 191, 233, 236, 242-244, 246, 248-251, 305
「イラクのアルカイダ」 18, 134, 136, 137, 178, 305
イラクのクウェート侵攻　15, 26, 131, 137, 303
「イラク・レバントのイスラム国」 137, 308
イリインスキー、ミハイル　258
インテリジェンス　11, 12, 13, 14, 15, 17, 19, 21, 22, 25, 31, 37, 38, 61, 62, 70, 72-74, 76, 77, 79-81, 84, 89, 90, 97, 98, 103, 109-112, 114, 115, 120, 125-128, 139, 148, 154, 158, 162, 164, 166, 170, 173, 175, 179, 180, 182, 184, 186, 187, 192-194, 196, 202, 204, 206, 209, 213, 217, 223, 224, 227, 232, 233, 235, 238, 244, 247, 249, 250, 252, 254-256, 258, 261, 262, 265, 268, 271-273, 275, 277, **280**, 281-295
インテリジェンス・オフィサー

## 手嶋　龍一（てしま・りゅういち）

1949年北海道生まれ。外交ジャーナリスト・作家。ＮＨＫワシントン特派員として冷戦の終焉に立ち会い、次期支援戦闘機の開発を巡る日米の暗闘を描いた『たそがれゆく日米同盟』を発表。続いて湾岸戦争に遭遇して迷走するニッポンを活写した『外交敗戦』を著し、共にロングセラーに。ハーバード大学国際戦略研究所に招聘された後、ＮＨＫワシントン支局長となり、９・11同時多発テロに遭遇し11日間にわたる昼夜連続の中継放送を担った。ホワイトハウスでの取材の模様は『宰相のインテリジェンス』にまとめられている。

2005年にＮＨＫから独立し、翌年発表した『ウルトラ・ダラー』は「日々のニュースがこの物語を追いかけている」とその予見性が話題となり、姉妹篇にあたる『スギハラ・サバイバル』と共にベストセラーとなった。

慶応義塾大学教授などを歴任してインテリジェンス論を担当し、外交・安全保障分野の一線で活躍する若手の育成にも積極的に取り組んでいる。佐藤優氏との共著には『動乱のインテリジェンス』『知の武装』『賢者の戦略』の「インテリジェンス対論３部作」がある。

## 佐藤　優（さとう・まさる）

1960年東京都生まれ。作家、元外務省主任分析官。日本外務省切っての情報分析のプロフェッショナルとして各国のインテリジェンス専門家から高い評価を得た。イギリスの陸軍語学学校でロシア語を学ぶ。在ロシア連邦日本国大使館では対ロシア外交の最前線で活躍し、クレムリンの中枢に情報網を築き上げた。2002年５月に背任と偽計業務妨害容疑で逮捕、起訴される。2009年６月有罪確定（懲役２年６ヵ月、執行猶予４年）。2013年６月に執行猶予期間を満了し、刑の言い渡しが効力を失った。2005年には、この事件の内実を描いた『国家の罠　外務省のラスプーチンと呼ばれて』を発表し、大きな反響を呼んでベストセラーになった。ソ連邦の崩壊を活写した『自壊する帝国』は第38回大宅壮一ノンフィクション賞を受賞。手嶋龍一氏との「インテリジェンス対論３部作」や『世界インテリジェンス事件史』などインテリジェンスをテーマにした著作を数多く手がけている。また母親が沖縄にルーツを持つこともあって『佐藤優のウチナー評論』など沖縄を取り巻く状況を独自の視点から論じた著作や論考を数多く発表。

# インテリジェンスの最強テキスト

2015年 9 月20日　初版発行
2015年10月30日　四版発行

著　　者　手嶋　龍一・佐藤　優
発 行 者　小林　悠一
発 行 所　株式会社 東京堂出版
〒101-0051　東京都千代田区神田神保町1-17
電　話　(03)3233-3741
振　替　00130-7-270
http://www.tokyodoshuppan.com/
装　　丁　泉沢　光雄
図版製作　藤森　瑞樹
D　T　P　株式会社 オノ・エーワン
印刷・製本　東京リスマチック株式会社




ISBN 978-4-490-20916-7 C0036